做人要稳
做事要准

青木 / 编著

吉林出版集团股份有限公司

图书在版编目（CIP）数据

　　做人要稳　做事要准 / 青木编著 .-- 长春 : 吉林
出版集团股份有限公司 , 2019.1
　　ISBN 978-7-5581-6167-4

　　Ⅰ . ①做… Ⅱ . ①青… Ⅲ . ①成功心理 – 通俗读物
Ⅳ . ① B848.4-49

　　中国版本图书馆 CIP 数据核字（2019）第 005635 号

ZUOREN YAO WEN ZUOSHI YAO ZHUN
做人要稳　做事要准

编　　　著：青　木
出版策划：孙　昶
项目统筹：郝秋月
责任编辑：王　媛
装帧设计：韩立强
封面供图：摄图网
出　　版：吉林出版集团股份有限公司
　　　　　（长春市人民大街 4646 号，邮政编码：130021）
发　　行：吉林出版集团译文图书经营有限公司
　　　　　（http://shop34896900.taobao.com）
电　　话：总编办 0431-85656961　营销部 0431-85671728 / 85671730
印　　刷：天津海德伟业印务有限公司
开　　本：880mm×1230mm　1 /32
印　　张：8
字　　数：182 千字
版　　次：2019 年 1 月第 1 版
印　　次：2019 年 1 月第 1 次印刷
书　　号：ISBN 978-7-5581-6167-4
定　　价：38.00 元

印装错误请与承印厂联系　　电话：022-82638777

前 言

人一生中最重要的东西是什么？用一句话来概括，那就是：做人、做事。

做人、做事，对每个人来说，都是人生的必修课。在现实生活中，那些成绩斐然的人，无一不是懂得做人之道的人；那些轻松驾驭人生局面的人，无一不是懂得做事之道的人。做人之难难在从躁动的欲望和情绪中稳定心态，做事之难难在从纷乱的矛盾和利益的交织中理出头绪。而最能促进自己、发展自己、成就自己的人生道理便是：做人要稳，做事要准。具备了这两者，别人就容易接纳你、尊重你、帮助你、满足你，你的愿望就会实现。

什么叫稳？临事须静气，遇事不惊慌，行事不急躁，办事有章法，有计划、有步骤，脚踏实地一步一个脚印，不说过头的话，不干过分的事，这就叫稳。大事能以静制动，小事更是拿得起放得下。做人要稳，就一定要懂得什么叫随机应变，什么叫恰如其分，什么叫不偏不倚，什么叫谨言慎行，什么叫远离是非。做人要稳，在自我表现时，懂得既表现自己，又不让人感到张扬；在说话时，懂得说话的轻与重、虚与实，即使批评别人，也能够润物细无声；在与人交往时，既善于与人相处又不失自我，总是能够把握与人相交的恰当距离……

稳是一种修为，是一种对人生的理解，是一种做人的策略，唯有做到这一点，才能够在复杂的社会环境中立足、发展。遵循此法则能使我们获得一片广阔的天地，成就一份完美的事业，更重要的是，能为我们赢得一个稳重厚实的人生。

　　至于做事，当然要准。

　　为什么要准？因为活着的确是一件不容易的事情，看似波澜不惊的表象下面，是一个接一个的挑战。家庭要幸福、工作要顺利、事业要有成就，所有的担子都落在了我们的肩膀上。梦想是美丽的，现实是残酷的。并不是所有的梦想都能变成现实，也并不是所有的人都能进入成功者的行列。成功自有成功的道理，成功者自有成功者的道行，若要问其中的奥妙，那肯定离不开一个"准"字。是的，一个人要成就自己伟大的一生，不能不准。不准的人很无力，不准的人生很苍白。

　　《做人要稳，做事要准》作为一本为人处世的通俗指南，从人际交往、生活态度、职场法则等角度出发，结合古今中外的大量经典事例，全面系统地向读者讲述做人要稳、做事要准的人生哲学和智慧，将日常生活中最直接、最有效且使用率最高的做事方略以及做人哲学介绍给读者，让读者在最短的时间内掌握做人做事的本领。

目录
CONTENTS

第六章 做人淡定从容，做事当仁不让

第七章 做人当静以修身，做事要雷厉风行

第一章

做人要厚道，做事要霸道

亏在利益，赢在人心

与人相处，吃点亏，亏在利益，却赢得了人心。"吃亏是福"是一种做人的艺术。纵观历史，凡事都愿意自己吃一点亏而利于别人，甚至宁可委屈自己，也不愿委屈别人的人，大都会得到众人的尊重和敬仰。历史上的很多人，正是因为不怕吃亏，才成为叱咤风云、流芳百世的人物。

梁山上的老大宋江自己并没有什么武艺，却坐上了梁山的头把交椅，凭什么？按理说，宋江貌不惊人，论文不善吟诗作赋，讲武不能上马提枪，这样一个人却将梁山一干"强盗"治得服服帖帖，原因很简单：宋江这样的领导人不会让大家吃亏。宋江江湖人称"及时雨"，他总是在关键时刻扶贫济困，因此深得人心。

人与人相处，如果一个人从来不吃亏，只知道占便宜，到最后，他很可能成为孤家寡人，谁愿意与一个一打交道就想占便宜的人交往呢？相反，一个能吃亏的人，别人与他打交道就会放心，就会愿意与他交往，因为不用担心哪一次会被他算计了。

愿意吃点亏，在工作之余，为亲人，为朋友，为同事，为单位，为公司，甚至为素不相识的人做些力所能及的事情，有时只是举手之劳，有时可能花费点时间，有时也可能在经济上会有点小小的损失，但是，你可能得到亲朋好友、同事、领导的尊重和赞扬，那可不是金钱能买来的！这就是"吃亏是福"的内涵。有了这些，在你遇到困难的时候，也会有人宁愿自己"吃亏"也要帮助你渡过难关。

有个砂石老板，没有背景，也没有文化，但生意做得好得出奇，而且历经多年，长盛不衰。说起来他的秘诀也很简单，就是与每个合作者分利的时候，他都只拿小头，把大头让给对方。

如此一来，凡是与他有过一次合作的人，都愿意与他继续合作，而且还会介绍一些朋友，再扩大到朋友的朋友，这些都成了他的客户。人人都说他好，因为他只拿小头，但所有人的小头集中起来，就成了最大的大头，他才是真正的赢家。

吃亏是福，因为人都有趋利的本性，你吃点亏，让别人得利，赢得别人的信任，就能最大限度地调动他们的积极性，使你的事业兴旺发达。

吃亏，无非是自己谦让，无非是自己做点牺牲，失去的大多是物质的和暂时的。如果我们能够坦然处之，不去计较这些，在所谓的"吃亏"之后，就会得到人们更多的理解和尊重，既培养了自己的宽厚与大度，还构筑了属于自己的人脉。这样的好事，何乐不为？

有时看似一件很吃亏的事，往往会变成非常有利的事。在利益分配面前，有人暂时吃亏，有人偶尔得利，这是正常现象。如果吃点小亏就耿耿于怀，不仅伤心伤神，浪费时间，更影响了自己的形象。那些不计较得失，坦然面对，甚至主动自找亏吃的人，是不会永远吃亏的，相反，会赢得人心。

人生在世，不会总是一帆风顺，与其在逆境到来之时措手不及，不如在顺境中多碰碰壁，尝尝吃亏的滋味，你将会明白：吃亏是福。

厚道之人必有厚福

人生在世，千万别占小便宜。占小便宜者吃小亏，占大便宜者吃大亏，不斤斤计较者则是厚福之人。

什么是厚道？厚道是以诚相待、大度宽容。厚道是谦逊礼让、诚实守信。怎样做一个厚道的人？厚道的人宽厚待人、以心换心，拥有好的人缘，同事、朋友、亲人都信任他。厚道是做人之本，精明是成事之道。厚道做人，精明做事，既不做碌碌无为的平庸者，也不做狡猾奸诈的小人，而是做一名恪守中庸之道的君子，这样你才能在人际交往中如鱼得水。

"做人要厚道"是重庆力帆集团董事长尹明善的人生感悟，他不仅对自己的员工这样要求，而且也是这么要求自己的。也因为这样，重庆力帆占据了中国大部分的摩托车市场。

尹明善能够理解员工的苦和员工的累，时刻为员工利益着想，他认为，企业要发展，最重要的是保障员工的基本利益。尹明善说："效益不好就大量裁员，稍有困难就转嫁给员工，这样的企业最不厚道。"

尹明善作为管理者，以满足员工的任何合理要求为准则。员工遇到问题，他都会想办法解决，实在解决不了，他也会给员工一个合情合理的解释，绝对不会置之不理。他还认为，职工有用武之地的期盼、学习上进的要求、娱乐休闲的渴望，老板都应认真对待。

企业以追求利润为目标，但是尹明善从来没有认为自己的厚道是一种吃亏。他认为："像我这样的民营企业家能有今天，七分是社会赋予，三分是个人打拼。""老板获利多，员工挣钱少，员工心里是明白的。老板厚道，员工地道，同行称道，企业和谐，才能生财有道。"

如果老板对员工不厚道，为一点儿小事斤斤计较，必然会引起员工心中的不平，这样难免会出现不关心企业甚至出工不出力的现象。严重一些，还可能引起劳资纠纷，企业的对内凝聚力和对外竞争力就会成为空话。老板厚道，员工就会关心爱护自己的企业，企业内部矛盾才能化解，才能有融洽和谐的关系。

也许有人会说，自己厚道就是自己吃亏，谁会这么傻做这样的事情呢？有这种想法的人只看到了事物的一面，没有看到事物的另一面；只看到了眼前的利益，没有看到长远的利益；此时此刻觉得自己吃亏了，却没有想到未来的日子因为你的厚道也许会得到更大的回报。将心比心，人心都是肉长的，人之初，性本善，恩将仇报的人毕竟是极少数，换作你自己，别人帮助了你，难道别人有了困难你就忍心袖手旁观吗？所以，在生活、工作当中，我们吃点小亏并不是坏事，反而是我们的福气。厚道一点，吃亏是福，厚道的人必将得到回报。

可见，厚道之人必有厚福。人常说："此人有厚福。"厚福并不是天赐之福，而是"因厚道而得福"。厚道的人朋友多，厚道的人容易得到别人的支持。所以，我们在与人相处时要厚道，严格地要求自己，宽容地对待他人。凡事礼让为先，为他人着想，能不计较的不要计较，能成全的就要成全，能帮助的尽量帮助。这样，我们办事才会比较顺利，前途才会更加广阔。

坚守心灵的骄傲去超越

潘杰客，一个有着传奇跨国经历的成功男人，带给我们无限的启示。

想当初，潘杰客的祖父和父亲都是著名的科学家，而他大学毕业后却在北京一个小小的施工队做预算员。不过4年后，他已经是国家建设部最年轻的中层领导。1988年，近30岁的潘杰客来到美国，一切从送外卖、住地下室开始。6年后，他被哈佛、剑桥、耶鲁3所大学的管理学院同时录取。1997年在哈佛完成学业后，他前往欧洲，在上千名应聘者中，成为唯一被德国奥迪录用的高级经理，后来作为奥迪中国大区首席顾问回到中国，成功运作了奥迪A6在中国的上市计划。就在这能够让所有人艳羡的时候，他辞去了奥迪终身雇员的职务，加盟凤凰卫视，成为一个财经节目的主持人。而现在，他组建了自己的团队——泛华传播，致力于打造一档"国际的、最知名的、成功人士的、在中国有影响力的脱口秀节目"。

上面所说的情况已足以让人刮目相看，其实还只是他跨越人生的一个小部分。用他自己的话说就是——除了"变化"没有什么是永恒的。

但事实上，潘杰客真正吸引人的地方也许并不在于他的成功，而在于他的"失败"。

潘杰客在他耶鲁大学入学论文的开篇中写道："人生舞台上的表演层出不穷、跌宕起伏，它们可以是喜剧、悲剧、哑剧、歌剧、音乐剧、交响乐，不一而足。而我们在生命的不同时期却以不同的角色出现——主角、配角、编剧、导演、灯光师，甚至是观众。"

人生如戏，潘杰客为自己编写并导演了一出最跌宕起伏的大剧。

"人是不能低头的，一旦低头，就再也不可能骄傲了。因为一个行动养成一个习惯，低头一次，就会有第二次、第三次……

"很多人问我，在最困难的关头，是什么力量支撑着我不倒下，挺过去，我的答案是'心灵的骄傲'。在那种关键的时候，我不可能去考虑成功之后的鲜花与欢呼或失败者所将遭遇的冷遇和失落。我所想的是，我是否值得再为自己活下去？我通常会问自己：我能否超越自己？超越了就是成功——是心理上的成功。人在那种时刻，暴露出来的都是人性的弱点；我就是要战胜这种弱点。因为我追求的是心灵的纯粹和强大，一种心灵上的超我。

"内心必须有一种渴求，你可以改变自己，还可以通过自己去改变别人，这个社会、这个世界就会因此而改变。要在最广泛的范围去影响他人，让社会向更合理的方向推进，这种合理应该为大多数人带来福利。这是个良好的愿望，为了这个愿望，要去做许多其他的事情，而这正是人生价值的体现，它带给我的满足是物质无法带来的。在心灵痛苦时，常常会想，大千世界带来的痛苦又是多么的深厚。走这条路的人注定是孤独的，如果这就是命运的话，我已做好准备并且毫不畏惧。"

这是一个理想主义者的自白，是一个勇敢者的宣言，是潘杰客不变的信念。这是一种怎样的超越，怎样的智慧？他是一个把目标与成功分得很清的人，成败得失已无关紧要，他追求的只是一个目标、一种执着、一种毅力。对一个人来说，可以没有成功，却不能没有目标。目标有时候很简单，却需要足够的信心与毅力去追求；成功有时候很遥远，却与目标咫尺之隔。

真正的伟大只有一种，就是看清这个世界的本来面目，并且去热爱它。作为一个自然人，潘杰客无疑非常伟大，这种伟大表现在他始终恪守着自己的原则，给高贵的心灵一个美丽的住所，哪怕是遭遇到最大的阻力，也要想办法抵达胜利的彼岸。

站在对方的角度看问题

人际交往中，当关系陷入僵局，各方争执不下的时候，我们没有必要把自己的想法强加给别人，而应该沉住气，换位思考，学会从他人的角度思考问题。

站在对方的角度看问题，有利于营造和谐的人际关系。学会以心换心的方式与人交往，包括与自己的亲人交往，要站在对方的角度去感受，这才是一个高情商的人。

圣诞节，一位母亲带着5岁的儿子去买礼物。大街上回响着圣诞赞歌，橱窗里装饰着彩灯，身着盛装的可爱的"小精灵"载歌载舞，商店里的玩具琳琅满目。

"一个5岁的男孩将以多么兴奋的目光观赏这绚丽的世界啊！"母亲毫不怀疑地想。然而她没有想到的是，儿子呜呜地哭了起来。"怎么了，宝贝？""我……我的鞋带开了……"母亲不得不在人行道上蹲下身来，为儿子系鞋带。无意中，母亲抬起头来。啊，怎么什么都没有？没有绚丽的彩灯，没有迷人的橱窗，没有圣诞礼物……原来那些东西都太高了，孩子什么也看不见！这是这位母亲第一次以5岁儿子目光的高度眺望世界。她感到非常震惊，立即起身把儿子抱了起来……从此这位母亲牢记，再也不要把自己认为的"快乐"强加给儿子。

"站在孩子的立场上看待问题"，这位母亲通过自己的亲身体会认识到了这一点。

孩子看见的东西，母亲不一定能看到，而母亲能看到的东西，孩子不一定能看到。然而，如果母亲放低身子或让孩子抬高，那么彼此之间就会有不一样的感受。在与人交往中也要站在对方的角度看问题，如果把角色"互换"一下，就很可能轻松地打破僵局。

每个人都有自己既定的习惯和立场，容易忽略他人的想法。那么，换位思考到底是什么呢？其实就是从对方的立场来看事情，以别人的心境来思考问题。换位思考不但需要转换思维模式，还需要一点好奇心来探求他人的内心世界。

沟通大师吉拉德说："当你认为别人的感受和你自己的一样重要时，才会出现融洽的气氛。"我们需要多从他人的角度考虑问题，如果对方觉得自己受到了重视和赞赏，就会报以合作的态度。如果我们只强调自己的感受，别人就不会愿意与你交往。

为对方着想就是为自己着想，这才是高情商者应具备的品质。

　　在人际交往中，千万不要以自我为中心而完全不顾他人的颜面、立场，如果将自己的标准强加在别人的头上，轻则使人际关系不和谐，重则可能使自己头破血流、一无所获。

　　有些人时常抱怨自己不被他人理解，其实，换个角度可能别人也有同样的感受。当我们希望获得他人的理解，想到"他怎么就不能站在我的角度想一想"时，我们也可以尝试先主动站在对方的角度思考，也许会得到一种意想不到的答案。许多矛盾、误会也会迎刃而解。

　　卡耐基有一个保持了多年的习惯，经常去他家附近的公园散步。令他痛心的是，每一年公园里都会失火。那些火灾几乎全是那些到公园里野餐的孩子引起的。卡耐基决定尽自己所能改变这种状况。他威胁不听话的孩子警察会把他们抓起来。卡耐基后来说自己只是在发泄某种不快，根本没有考虑过孩子们的感受。那些孩子即使服从了，等卡耐基一走，他们很可能又玩起了火。

　　后来，卡耐基意识到必须换一种方式和那些孩子沟通。当他再次看到孩子们在树林里生火时，就微笑着问他们："孩子们，你们玩得高兴吗？"随即和孩子们打成了一片，并在与孩子交往中给他们灌输了不要玩火的思想。比如：生火时要离枯叶远一点，不要在大风的天气里生火，等等。孩子们立刻就照做起来。

　　显然，卡耐基后面的做法效果大不一样，那些孩子很愿意合作，而且毫不勉强。事实证明，只要我们多考虑别人的感受，多从别人的角度看问题，即便是很尖锐的矛盾也能缓和下来。因此，如果你想得到别人的配合，最好真诚地从他人的角度来考虑。

　　卡耐基说过一句话："我不认为你有什么不对，如果换了我肯定也会这样想。"这句话能使最顽固的人改变态度。说这句话时你并不是言不由衷，因为人类的欲望和需求是大致相同的，如果真的换了你，你很有可能也会有他那样的想法和感觉，尽管你也许不会像他那样去做。

把亏吃在明处

　　中国有句古话："哑巴吃黄连，有苦说不出"。在为人处世中，有的人为了息事宁人，往往吃暗亏，结果吃了也白吃，别人不知道或者也不领情。所以亏要吃在明处，至少要让对方意识到，你这个亏是为他吃的。让他知道是你主动息事宁人、不怕吃亏，这样才能换取他人的感动和认可。他看起来得益了，其实，他的内心难免愧疚；而你看起来吃亏了，其实因为宽容，你的内心十分坦然。

著名影星成龙就懂得把亏吃在明处。

有一次，成龙到加拿大拍戏，由于动作戏份较多，不慎崴伤了左脚。助手们连忙将他送到附近一家医院治疗。

医院里有很多病人在排队挂号。助手等得着急，拿出电话想找人帮忙，成龙连忙阻止，继续依次排队。

就要轮到成龙挂号时，一个男子没有征得成龙及其他排队人的同意，径自插到成龙前面，很快挂完号，丝毫不顾及周围人的怒气，之后扬长而去。助手本想上前责问，被成龙制止了。助手以为成龙不想过于计较，是因为怕暴露身份引起不必要的麻烦。

为了能尽快就诊，成龙的另一名助手已早早地去候诊室门前排队。等到成龙要去就诊的时候，发现那个插队的男子竟然也在旁边，还是没有排队。这时候，医生说：下一个！助手连忙搀扶成龙准备进去，可成龙却对那个男子说："您先请。"

成龙再一次并且是主动让号，让助手和一旁的其他人很难理解。那个男子也有点不好意思了，进也不是，不进也不是。

这时候，一位中年男士走到成龙旁边说："我猜得不错的话，您就是Jacky Chan？我是这个医院第三任院长约翰逊。"原来，医生看没有人进来，就查看挂号单，发现单子上面写着成龙的英文名字，身为成龙铁杆影迷的他透过窗户认出了乔装打扮的成龙，并马上报告了院长。

"各位，这个医院就是Jacky Chan捐建的，让我感动的是，他来这里看病竟然排队！"约翰逊对围观人员说。

在得知成龙几次三番地让号后，这位院长很是惊讶，就问成龙："我不明白，有人不遵守规矩，您为何不但不阻止，竟然还主动吃亏呢？"

成龙笑着说："是的，我是吃亏了，但我第一次吃的是暗亏，而这次吃的是明亏。我想这位先生第一次觉得不欠我什么，但这次应该欠我了吧！"

插队的男子顿时很惭愧，很不好意思，走到成龙身边伸出手说："我很喜欢您电影中的角色，想不到在现实中，您的为人处世更让我敬佩。以后我会注意我的言行，也会更关注您的影片。"

在生活中，我们就要像成龙一样，不怕吃亏，但要把亏吃在明处，要让对方意识到，你的亏是为他吃的，这才是吃亏的最佳境界，才是"投我以木瓜，报之以琼琚"的明智之举。

生活中总有这样的人，他们做事时一门心思只考虑不能便宜了别人，却忽视了对自己是否有利。其实，成大器者都是能沉得住气，考虑长远利益，不争一时一地得失的人，让别人占点便宜，是为了自己以后不吃亏，所以交往要有"手腕"，不要怕便宜了别人。不管是大亏还是小亏，对办事有帮助的，你要尽可能地吃下去，不能皱眉。尤其是大亏，有时还可能是一本万利的事情。

徐先生从香港到广州，投资200多万港币，在花园酒店附近开办了第一家海鲜酒楼——南海渔村，但生意不好，头3个月就亏了50多万元。

　　一天，他在同一街上看到两家时装店，一家生意兴旺，另一家却相当平淡。什么原因呢？他走进生意兴隆的那家店一看，原来店里除了高档货外，还有几款特价服装。

　　他受到了启发，于是就创出了"海鲜美食周"的点子——每天有一款海鲜是特价的，售价远远低于同行的价格。当时，基围虾的市场价格为38元/斤，徐先生把它降到18元/斤。

　　不出所料，这一招一举成功，很多食客就冲着那一款特价海鲜，走进了南海渔村的大门。

　　降低价格，原来是准备亏本的，但由于吃的人多，每月销出4吨基围虾，结果不但没亏本，反而赚了钱。

　　自此以后，南海渔村门庭若市，顾客络绎不绝。

　　海鲜酒楼的经营者之所以能够成功，往往是因为在人的"贪便宜""好尝鲜"的本性上做足了文章。因为贪便宜，一看到原本38元/斤的基围虾跌到18元/斤，于是人们便蜂拥而至抢便宜货，酒楼因此也就出了名，让老板赚足了腰包。

　　让别人占点便宜并不是要大家随时随地都去吃亏。吃亏是有学问、有讲究的。我们要学会吃亏，要吃在明处，至少你应该让对方"瞎子吃汤圆——心中有数"。这样做你才能让别人觉得欠你人情，以后你若有求于他，他才会全力以赴。要知道，我们人生的每一步，都是为下一步做铺垫的，着眼于未来，再去选择吃明处的亏，才能掌握主动权，取得成功。

只要你敢想，一切皆有可能

凡事敢想就成功了一半，只要你敢想，一切都可能实现！让我们来看一看下面的故事：

故事的主人公，生长在一个普通的农户家里，小时候家里很穷，很小就跟着父亲下地种田。在田间休息的时候，他望着远处出神。父亲问他想什么？他说他将来长大了，不要种田，也不要上班，他想每天待在家里，等人给他邮钱。父亲听了，笑着说："荒唐，你别做梦了！我保证不会有人给你邮。"

后来他上学了，有一天，他从课本上知道了埃及金字塔的故事，就对父亲说："长大了我要去埃及看金字塔。"父亲生气地拍了一下他的头说："真荒唐，你别总做梦了！我保证你去不了。"

十几年后，少年长成了青年，考上了大学，毕业后做了记者，平均每年都出几本书。他每天坐在家里写作，出版社、报社给他往家邮钱，他用邮来的钱去埃及旅行。他站在金字塔下，抬头仰望，想起小时候父亲说过的话，心里默默地对父亲说："爸爸，人生没有什么能被保证！"

他，就是散文家林清玄。那些在他父亲看来十分荒唐、不可实现的梦想，在十几年后他都把它们变成了现实。

我们每个人小时候都有美好的梦想，正是这些梦想，为我们的未来种下了成功的种子。因为梦想就是希望，是与我们天性中的潜质最密切相关的。但是梦想又往往和现实有着太遥远的距离，所以需要努力实现。实现梦想就是通过自己不懈的努力，把看似遥远甚至有些荒唐的梦想一步步变成现实。

林清玄是一个农家子弟，他想让别人给他邮钱，想上埃及看金字塔，看起来十分好笑，连父亲都嘲笑他，但是他为了实现自己的梦想，十几年如一日，每天早晨4点就起来看书写作，每天坚持写3万字，一年就是100多万字，最终实现了自己的梦想。

凡事敢想就成功了一半。人们都知道，美国宇航局门口的铭石上刻着："你能想到的，就会实现。"伟大的人才能成就伟大的事，他们之所以伟大，是因为决心要做出伟大的事。

有这样一则令人难忘的真实的故事，主人公是一个生长于旧金山贫民区的小男孩，从小因为营养不良而患有软骨症，在6岁时双腿弯成"弓"形，而小腿更是严重萎缩。然而在他幼小的心灵中一直藏着一个除了他自己，没人相信会实现的梦——那就是有一天他要成为美式橄榄球的全能球员。

他是传奇人物吉姆·布朗的球迷，每当吉姆所在的克里夫兰布朗斯队和旧金山四九人队在旧金山比赛时，这个男孩便不顾双腿的不便，一跛一跛地到球场去为心中的偶像加油。由于他穷得买不起票，所以只有等到全场比赛快结束时，从工作人员打开的大门溜进去，欣赏最后剩下的几分钟。

13岁时，有一次他观看布朗斯队和四九人队比赛后，在一家冰激凌店里终于有机会和心中的偶像面对面地接触，那是他多年来所期望的一刻。他大大方方地走到这位大明星的跟前，说道："布朗先生，我是你最忠实的球迷！"

吉姆·布朗和气地向他说了声谢谢。这个小男孩接着又说道："布朗先生，你晓得一件事吗？"

吉姆转过头来问过："小朋友，请问是什么事呢？"

男孩一副自若的神态说道："我记得你所创下的每一项纪录，每一次的布阵。"

吉姆·布朗十分开心地笑了，然后说道："真不简单。"

这时小男孩挺了挺胸膛，眼睛闪烁着光芒，充满自信地说道："布朗先生，有一天我要打破你所创下的每一项纪录！"

听完小男孩的话，这位美式橄榄球明星微笑地对他说道："好大的口气。孩子，你叫什么名字？"

小男孩得意地笑了，说："布朗先生，我的名字叫奥伦索·辛浦森，大家都管我叫O.J.。"

我们会成为什么样的人，会有什么样的成就，就在于先做什么样的梦。奥伦索·辛浦森后来的确如他年少时所说，在美式橄榄球场上打破了吉姆·布朗所创下的所有纪录，同时更创下一些新的纪录。

现在就开始，立刻开始，去尽情地"往高处想"，因为只有往高处想才能够攀高。有限的目标会限制人生的发展，所以在设定目标时，要尽量伸展自己。重量级拳王吉姆·柯伯特有一回在做跑步运动时，看见一个人在河边钓鱼，一条接着一条地钓，收获颇丰。奇怪的是，柯伯特注意到那个人钓到大鱼就把它放回河里，小鱼才装进鱼篓里去。柯伯特很好奇，他就走过去问那个钓鱼的人为什么要那么做。钓鱼翁答道："老兄，你以为我喜欢这么做吗？我也是没办法呀！我只有一个小煎锅，煎不下大鱼啊！"

很多时候，我们有一番雄心壮志时，就习惯性地告诉自己："算了吧，我想的未免也太过了，我只有一个小锅，可煮不了大鱼。"我们甚至会进一步找借口来劝慰自己："更何况，如果这真是个好主意，别人一定早就想过了。我的胃口没有那么大，还是挑容易一点的事情做就好，别把自己累坏了。"

事实上，很多人之所以没有成功，就是因为他太满足于眼前的一切，不敢去想，也不去想未来可能会发生的事。切记：世界上没有不可能的事，只要你敢想，一切皆有可能。

唯宽可以容人，唯厚可以载物

任何时候，宽容都要比计较能使自己更受益。澳大利亚畅销书作家安德鲁·马修斯说："一个脚跟踩扁了紫罗兰，而紫罗兰却把香味留在那脚跟上，这就是宽容。"心宽体胖说的便是一个人只要心情愉悦，不斤斤计较，便能拥有健康的身心。心中充满了宽容，就不会轻易生气、发怒，也不会让负面情绪占据我们的内心。

对待一些事情要沉得住气，不要斤斤计较，要胸怀大度，让自己的思想境界不断得到升华。有了这种品质、这种境界，人就会变得豁达，变得成熟，也使人与人的相处变得容易、简单。

约翰和他的邻居原本相处和睦、关系融洽。一年夏天，约翰家院子里的树木长得枝繁叶茂，蜿蜒曲折的树枝蔓延到了邻居家的花园，使邻居家花园得不到阳光。邻居对此非常恼火，多次劝说约翰砍掉树枝。约翰对邻居的建议充耳不闻，两家为此事关系显得不如以前那样融洽。后来，邻居一气之下愤然砍掉了约翰家树木的主干，整棵树都枯萎了。约翰知道后，非常生气，跑到邻居家大吵一顿，两家从此以后形同陌路。

就这样过了几年，两家关系始终僵持着，谁都不愿意先低头讲和。直到有一次，约翰正在花园除草，丝毫没有注意到一个醉汉驾驶着一辆车正飞快地驶来。在酒精的作用下，醉汉毫不清醒。突然，车朝着正在劳作的约翰冲了过来。这一幕被邻居看到了，邻居大叫一声："快躲开！"约翰猛回头，已经来不及躲闪，车辆就轧过了他的双腿，他顿时晕了过去。邻居迅速拨了急救电话，并赶紧报警。在救护车到达之前的时间里，邻居对约翰进行了紧急救护，做了简单的包扎。很快，约翰被送到医院进行了抢救。所幸，由于抢救及时他保住了双腿。经过几个月的治疗、护理，约翰恢复了健康。他们一家对邻居非常感谢。如果没有邻居的及时帮助，后果简直不堪设想。此时，两家人感触良久。两家也就此抛开了以往的恩恩怨怨，重归于好。

面对生命的威胁，约翰的邻居没有选择漠不关心、幸灾乐祸地等待悲剧的发生，而是在那紧要关头在头脑里产生了一定要挽救约翰的念头。正是他这种冰释前嫌的宽容，最终挽救了约翰的生命，也挽回了他们的友谊。在当今社会，人与人相处，矛盾、摩擦、冲突不可避免，我们要学会以宽容去化解、去原谅他人。

生活在当下，我们需要宽容这样一种高贵的品质、一种生存的智慧、一种生活的艺术、一种人生的境界。这种品质是人们在日常生活中不断砥砺品性，感悟人生，精神境界不断升华的结果。尤其是人们在经历了世事沧桑、人情冷暖之后，就会明白宽容他人的重要。一个豁达开朗、心胸开阔的人，往往不会为琐事而斤斤计较，也就不会为此烦恼不已。拥有宽容的心态就能够远离纷扰。人们不再拘泥于人与人之间的是是非非、恩恩怨怨，反而能够遇事沉稳，以更加豁达、敞亮的心态迎接明天的阳光。

第二章

做人有水性，做事有狼性

见招不拆，方显涵养

相互争斗是人的动物本性之一。争斗的目的自然是取得最后胜利，它最大的乐趣在于战胜对手得到的心理满足感。

而真正高明的人则懂得"上善若水"的道理，不管对方怎么出招就是不搭理。遇到这样的人，再厉害的对手也会失去兴趣，没有脾气。

曾有一位不速之客突然闯入洛克菲勒的办公室，直奔他的写字台，并以拳头猛击台面，大发雷霆："洛克菲勒，我恨你！我有绝对的理由恨你！"接着那客人肆意谩骂他达10分钟之久。办公室所有的职员都感到无比气愤，以为洛克菲勒一定会抓起墨水瓶向他掷去，或是吩咐保安员将他赶出去。然而，出乎意料的是，洛克菲勒并没有这么做。他停下手中的工作，用和善的目光注视着这位攻击者，那个人愈暴躁，他就显得越和善！

那无理之徒被弄得莫明其妙，他渐渐地平息下来。因为一个人发怒时，遭不到反击，他是坚持不了多久的。于是，他咽了一口气。他是来与洛克菲勒决斗的，并想好了洛克菲勒将要怎样回击他，他再用想好的话语去反驳。但是，洛克菲勒就是不开口，所以他不知如何是好了。

末了，他又在洛克菲勒的桌子上敲了几下，仍然得不到回应，只得索然无味地离去。洛克菲勒呢，就像根本没发生任何事一样，重新拿起笔，继续他的工作。

葛力内在一次会议中对一项决议投了反对票。这个政党的领袖来到他的办公室对他进行指责，说他简直是本党的叛徒，企图破坏政党组织。

葛力内正在写稿，见他进来后仍没抬头，好像不知道他就在自己身旁一样。来客见葛力内如此冷淡，心里更是火上加油，越发显得生气，于是对葛力内辱骂起来。可是，葛力内就是不予理睬，依旧默默地写着稿子。

政党领袖无可奈何，绕着葛力内的桌子走了一圈，回到原位，又滔滔不绝地重说了一遍。虽然来客几番重复这套盛气凌人的指责，但葛力内始终没有停下手中的活儿。直到来客词穷怒息，准备离去，葛力内才慢慢停下手中的笔，抬起头来，轻轻地一笑，丢过去一个得意的眼色，说："干吗那么着急走啊？回来尽情地发泄吧！"

结果，葛力内以无言的策略制胜了这位政党领袖。

某机关有一个女职员，平日只是默默工作，并不多话，和人聊天，总是微笑着。有一年，机关里来了一个好斗的女职员，很多同事在她主动发起攻击之下，不是辞职就是请调。最后，她的矛头终于指向了这个女职员。某日，这位好斗的女人抓到了那位一贯沉默的女职员的把柄，立刻点燃火药，噼里啪啦一阵说，谁知那位女职员只是默默笑着，一句话也没说，只偶尔蹦出一个字："啊？"最后，好斗的那个主动鸣金收兵，但也气得满脸通红，一句话也说不出来。

"沉默"的力量是何其之大，面对"沉默"，所有的语言力量都消失了！

只要有人的地方，就会有矛盾。因此你要有面对不怀善意的人的心理准备，你可以不去攻击对方，但保护自己的"防护网"一定要有，而装聋作哑有时是最厉害的武器。

又聋又哑的人听不懂别人的话，自然也不会加入争斗，别人自然也不会和他们争斗。

不过大部分人都不聋又不哑，一听到不顺耳的话就会回嘴，其实一回嘴就中了对方的计，不回嘴，他自然就觉得无趣了；他如果还一再挑衅，只会凸显他的好斗与无理取闹罢了。因此面对你的沉默，这种人多半会在几句话之后就仓皇地"且骂且退"，离开现场。如果你还装出一副听不懂的样子，并且发出"啊"的声音，那么更能让对方"败走"。

不过，要"作哑"不难，要"装聋"才是不易，因此也要培养对他人言语"入耳而不入心"的功夫，否则心中一起波澜，要不起来回他一两句是很难的。

在和别人交往时，能做到见招不拆，其实就展现了最厉害的拆招之法。不但对方的招数被拆解了，还不致遭到怨恨。

想做大事先做好小事

许多知名富豪把自己的企业交给下一代之前，都让其从最基层干起，甚至从打水、扫地开始。这些富豪也多是由穷困起家的，他们知道，不从看似不惊人的小人物、小事开始，就不会了解许多社会形态，形不成有益的智慧和行事方式。

日本水泥大王、浅野水泥公司的创建者浅野宗一郎，23岁时穿着破旧不整的衣服，失魂落魄地从故乡富士山走到东京来。因身无分文，又找不到工作，有一段时间他每天都陷在半饥饿状态之中。"干脆卖水算了。"他灵机一动，便在路旁摆起了卖水的摊子，生财工具大部分都是捡来的。"来，来，来，清凉的甜水。"浅野大声叫喊。果然，水里加一点糖就变成钱了。这最简单的卖水生意使这位吃尽千辛万苦的青年，不必再挨饿了。浅野日后成为大企业家，就是由于他对任何事都能够好好地加以利用。也就是说，人在困境时，反而能给予他一个转机，使他涌上来无比的勇气，使他更加聪明，更加勇往直前。因此对人生厄运不应恐惧，应感谢才是。浅野又说："在这个世界上没有一件无用的东西，任何东西都是可以利用的。"浅野卖了两年水，25岁时已赚了一笔为数不少的钱，于是开始经营煤炭零售店。

30岁时，当时的横滨市长听到浅野很会使无用的东西产生价值，就召见他说："你是以很会利用废物闻名的，那么人的排泄物你也有办法利用吗？"浅野说："收集一两家的粪便不会赚钱，但是收集数千人的大小便就会赚钱。"市长问："怎么样收集呢？"浅野说："做个公共厕所，我做给你看，好不好？"这样，浅野就在横滨市设置63处日本最初的公共厕所，因而他就成了修建日本公共厕所的始祖。厕所盖好之后，浅野把收集粪便以每年4000日元的价格卖给别人，两年后设立一家日本最初的人造肥料公司。也许你会感到震惊，设立日本最大的水泥公司——浅野水泥公司的资金，是从这些公共厕所的粪便上赚来的！

希尔顿饭店的创始人、世界旅馆业之王康·尼·希尔顿就是一个苛求细节完美的人。

康·尼·希尔顿要求他的员工："大家要牢记，万万不可把我们心里的愁云摆在脸上！无论饭店本身遭到何等的困难，希尔顿服务员脸上的微笑永远是顾客的阳光。"正是这小小的永远的微笑，让希尔顿饭店的身影遍布世界各地。

一家企业的副总凯普曾入住过希尔顿饭店。那天早上刚一开门，走廊尽头站着的服务员就走过来向凯普先生问好。让凯普先生奇怪的并不是服务员的礼貌举动，而是服务员竟喊出了自己的名字，因为在凯普先生多年的出差生涯中，他在其他饭店住宿时从没有服务员能叫出客人的名字。

原来，希尔顿要求楼层服务员要时刻记住自己所服务的每个房间客人的名字，以便提供更细致周到的服务。当凯普坐电梯到一楼的时候，一楼的服务员同样也能够叫出他的名字，这让凯普先生很纳闷。于是服务员解释："因为上面有电话过来，说您下来了。"

吃早餐的时候，饭店服务员送来了一份点心。凯普就问，这道菜中间红的是什么？服务员看了一眼，然后后退一步做了回答。凯普又问旁边那个黑黑的是什么。服务员上前看了一眼，随即又后退一步做了回答。她为什么后退一步？原来，她是为了避免自己的唾沫落到客人的早点上。

从小事做起可以锻炼人们的工作态度。有人说态度决定一切。态度是成功的基石之一，如果这一基石不稳，是建立不起坚固的事业大厦的。

所以，起点低不要紧，关键是认真对待每一件小事，把寻常的事做得不寻常。只有树立这样的高标准，才能使每个人有更快更大的进步。

命运是弹簧，你弱它就强

南北朝著名无神论者范缜在与一位贵族辩论时说过："人就像树上的花瓣，只不过您这片花瓣飘落时落到了席子上，而我落到了厕所里。"

人生这片花瓣飘落到什么地方，关乎我们的命运。命运"不好"的人有的自暴自弃，有的则自强不息。自暴自弃的人一辈子碌碌无为，自强不息的人往往战胜命运，成就事业。所以说，命运就像一个弹簧，你强它就弱，你弱它就强。

1944年4月7日施罗德出生在下德国萨克森州的一个贫民家庭，他出生后第3天，父亲就战死在罗马尼亚。母亲当清洁工，和他们姐弟二人相依为命。

生活的艰难使母亲欠下许多债。一天，债主逼上门来，母子抱头痛哭。年幼的施罗德拍着母亲的肩膀安慰她说："别伤心，妈妈，总有一天我会开着奔驰车来接你的！"46年后终于等到了这一天。施罗德担任了下萨克森州州长，开着奔驰车把母亲接到一家大饭店，为老人家庆祝80岁生日。

1950年，施罗德上学了。因交不起学费，初中毕业他就到一家零售店当了学徒。贫穷带来的被轻视和瞧不起，使他立志要改变自己的人生："我一定要从这里走出去。"他想学习，他在寻找机会。1962年，他辞去了店员之职，到一家夜校学习。他一边学习，一边到建筑工地当清洁工，收入有所增加。

4年夜校结业后，1966年他进入了哥廷根大学夜校学习法律，圆了上大学的梦。

毕业之后，他当了律师。32岁时，他当上了汉诺威霍尔律师事务所的合伙人。回顾自己的经历，他说，每个人都要通过自己的勤奋努力，而不是通过父母的金钱来使自己接受教育。这对个人的成长至关重要。

通过对法律的研究后，他发现自己对政治产生了兴趣。他积极参加政党的集会，最终加入了社会民主党。此后，他逐渐崭露头角、步步提升。1969年，他担任哥廷根地区的主席，1971年得到政界的肯定，1980年当选议员。1990年他当选为下萨克森州州长，并于1994年、1998年两次连任。政坛得志，没有使他放弃做联邦政治家的雄心。1998年10月，他走进了联邦德国总理府。

2005年11月，施罗德伴随着7年的辉煌卸去了总理职务。德国军队用最高规格的火把来欢送他。

一个人若不敢向命运挑战，不敢在生活中做出创新之举，命运给予他的不过是一个狭窄的牢笼，他举目所见将只是蛛网和尘埃，充耳所闻只是吱吱虫鸣。

每个人从一出生命运就不同，由不得抱怨。西方谚语说幸运儿出娘胎嘴里便含着金汤匙。平凡的你我生来除了两手空空，小嘴一张也仅有哭啼之声。哭诉也罢，抗议也罢，幸运既然没有与生俱来，唯有靠自己创造。

拿破仑出身于穷困的科西嘉没落贵族家庭，他父亲送他进了一所贵族学校。他的同学都很富有，大肆讽刺他的穷苦。拿破仑非常愤怒，却一筹莫展，只能屈服在威势之下。就这样他忍受了足足5年。但是这5年中的每一次嘲笑，每一次欺侮，每一次轻视，都使他暗暗下定决心，发誓要让那些人看看他确实是高于他们的。

但是光有决心还不够，还必须拿出实际行动。为此拿破仑心里暗暗计划，决定利用这些没有头脑却傲慢的人作为桥梁，使自己获得财富、名誉和地位。

在他16岁当少尉的那年，他遭受了另外一个打击，那就是他父亲去世了。在那以后，他不得不从很少的薪金中省出一部分来帮助母亲。当他接受第一次军事征召时，他必须步行非常远的路程去加入部队。

等他到了部队里时，发现他的同伴和在学校里的同学一样，他们用多余的时间追求女人和赌博。在部队里，他那不受人喜欢的体格使他没有资格得到本该得到的职位，同时，他的贫困也使他失掉了后来争取到的职位。于是，他改变方法，用埋头读书的方法去努力和他们竞争。读书和呼吸一样是自由的，因为他可以不花钱在图书馆里借书，这使他得到了很大的收获。

他并不是读没有意义的书，也不是专以读书来消遣自己的烦闷，而是为自己的理想做准备。他下定决心要让全天下的人知道他的才华。因此，他在选择图书时，也是以这种决心来选择图书。他住在一个既小又闷的房间内，在这里，他面无血色，孤寂、沉闷，但是他却不停地读下去。就在这样的条件下，拿破仑凭着坚持不懈的恒心，认真地读了几年书。

通过几年的刻苦攻读，他从书本上所摘抄下来的记录，经后来印刷出来的就有400多页。他把自己想象成一个总司令，将科西嘉岛的地图画出来，运用数学的方法精确地计算出哪些地方应当布设防御工事。这使他第一次有机会展现自己的才华。

长官看见拿破仑有学问，便派他在操练场上执行一些需要极强计算能力的工作。他的工作做得很好，于是他获得了新的机会，开始走上了权势的道路。

后来，一切的情形都改变了。从前嘲笑他的人，现在都拥到他面前来，想分享一点他得到的奖金；从前轻视他的人，现在都希望成为他的朋友；从前说他是一个矮小、无用、死用功的人，现在也都改为尊重他。他们都变成了他的忠实拥戴者。

不小心陷入厄运的人，一般都心如死灰，认为这就是命，堕落就是自己的归宿。其实，地狱和天堂只有一步之遥，"浪子回头金不换"，可以既拯救自己的灵魂，又改变了自己的命运。

一个名叫热佛尔的黑人青年，他在底特律的贫民区里长大。他的童年缺乏关爱，跟别的坏孩子学会了逃学、破坏财物和吸毒。他刚满12岁就因为抢劫一家商店被逮捕了；15岁时因为企图撬开办公室里的保险箱再次被捕；后来，又因为参与对邻近的一家酒吧的打劫，他作为成年犯被第三次送入监狱。

一天，监狱里一个年老的无期徒刑犯看到他在打棒球，便对他说："你是有能力的，你有机会做些你自己的事，不要自暴自弃！"

热佛尔反复思索老囚犯的这席话，做出了决定。虽然他还在监狱里，但他突然意识到他具有一个囚犯能拥有的最大自由：他能够选择出狱之后干什么；他能够选择不再成为恶棍；他能够选择重新做人，当一个棒球手。

5年后，热佛尔成了底特律老虎队的队员。底特律棒球队当时的领队B.马丁在友谊比赛时访问过监狱，由于他的努力使热佛尔假释出狱。

不到一年，热佛尔就成了棒球队的主力队员。

战胜命运，我们没有别的可以依靠，只能靠自身努力。那些出身并不显赫却干出名堂的人，我们只看到了他们的光辉，谁又知道这背后的艰辛。

美籍华裔冰舞高手关颖珊在很小的时候就开始练习溜冰，牺牲了假期和交友的机会，她的父母怎能不心疼女儿的付出和辛劳？然而他们明白，成功是需要牺牲一些代价来换取的。

"美国小姐"海瑟更是一个突出的例子：她1岁多时，因一场大病夺去了她的听力，在演说时还常指着她耳内的助听器给大家看。虽然如此，她并没有怨天尤人，反而凭着顽强的意志和不断的努力，6岁时终于可以说出自己的名字，后来通过艰苦的训练，成为了专业舞蹈家。海瑟以坚韧的毅力实现了当一名芭蕾舞蹈者的梦想。

有这样一个无声的童年，她却没有因此而放弃希望，反而愈挫愈勇，在1995年时，一举成功摘下"美国小姐"的桂冠。听过她演讲的人永远忘不了她的名言："成功要靠无比的行动力来实现自己的梦想。"

命运像弹簧，你弱它就强。真正的强者，敢于直面困难，迎难而上，最终向成功挺进。

善于合作，互惠互利

什么是合作？合作是所有组合式努力的开始。一群人为了达到某一特定的目标，使得他们自己联合在一起。众人拾柴火焰高，是合作的基础。做事最重要的3项因素是：专心、合作、协调。成功单凭个人之力是很难达到的，从无数成功者的经验和失败者的教训中，我们得出一个结论：在这个世界上，只有合作才能成功。

清末名商胡雪岩，自己不善读书识字，但他却从生活经验中总结出了一套理论，归纳起来就是："花花轿子人抬人。"

他善于观察人的心理，把士、农、工、商等阶层的人都拢集起来，以自己的钱业优势，与这些人协同发展。由于他长袖善舞，所以别人也为他的行为所打动，对他产生了强烈的信任。他与漕帮协作，及时完成了收缴粮食的任务。与王有龄合作，胡雪岩也有了机会在商场上发达。如此种种的互惠合作，使胡雪岩这样一个小小的学徒工变成了一个执江南半壁钱业之牛耳的巨商。

合作与竞争看似水火不相容。其实不然，合作与竞争有许多相通的地方。合作与竞争，可以说一直伴随着人类。从原始社会到奴隶社会，从封建社会到资本主义社会，直至今天的社会主义社会，合作与竞争不仅没有被削弱、消亡，相反，随着时间的推移和社会的进步，合作与竞争的趋势在增强。而且，随着人类生存空间的不断拓展，交往范围不断扩大，人与自然斗争的不断深化，科技的不断发展，合作与竞争的联系也在日益加强。在向知识经济时代过渡的征途中，高科技的发展水平和发展速度已经超乎了人的想象，通信、交通等的发展使人们之间的沟通与交流变得空前容易，不论是国与国之间、组织与组织之间，抑或是具体的个人之间，竞争与合作已经成为了不可逆转的大趋势。在这样一个时代里，开展交流与合作的成本将大幅度降低，而效率则将大幅度提高。实际上，任何一个人，任何一个民族、国家都不可能独自拥有人类最优秀的物质与精神财富，而随着人们相互依赖程度的进一步加深，那种一人打天下的思想多少显得有些幼稚。个人和孤立的企业所能够成就的大业将不复存在，合作与团队精神变得空前重要。缺乏合作精神的人将不可能成就事业，更不可能成为知识经济时代的强者。我们只有承认个人智能的局限性，懂得自我封闭的危害性，明确合作精神的重要性，才能有效地以合作伙伴的优势来弥补自身的缺陷、增强自身的力量，才能更好地应对知识经济时代的各种挑战。

竞争是指为了自己的利益而跟人争胜。"物竞天择，适者生存"，这是竞争的本质和普遍规律，也是自然界、人类社会得以前进的动力所在。可以说，竞争是无处不有、无时不在的。合作是指两个或两个以上的人或组织为了完成一项工作而团结一致，齐心协力。竞争者与合作者作为竞争与合作的主体及对象与竞争合作相伴而生、相伴而灭。每个人的能力都有一定限度，善于与人合作的人，能够弥补自己能力的不足，达到自己原本达不到的目的。

有一句名言："帮助别人往上爬的人，会爬得更高。"如果你帮助另一个孩子上了果树，你因此也就得到了你想尝到的果实，而且你越是善于帮助别人，你能尝到的果实就越多。但是有些年轻人却信奉另外一种理论，他们认为，财富总是有一定的限度，你有了，我就没有了。

这是一种享受财富的哲学而不是一种创造财富的哲学。财富创造出来固然是为了分享的，但是我们的注意力并不在这里，我们更关注的是财富的创造。

　　同样大的一块儿蛋糕，分的人越多，自然每个人分到的份额就越少。如果斤斤计较，我们就会相信自我享受财富的哲学，就会去争抢食物，但是如果我们是在联手制作蛋糕，那么，只要蛋糕能不断地往大处做，我们就不会为眼下分到的蛋糕太小而倍感不平了。因为我们知道，蛋糕还在不断做大，眼前少一块儿，随后随时可以再弥补过来。而且，只要联合起来，把蛋糕做大了，根本不用发愁能否分到蛋糕。

　　每年的秋季，大雁由北向南以"人"字形队伍长途迁徙。大雁在飞行时，"人"字形的形状基本不变，但头雁却是经常替换的。头雁对雁群的飞行起着很大的作用，因为头雁在前开路，它的身体和展开的羽翼在冲破阻力时，能使它左右两边形成一个涡流区，其他的雁在它的左右两边的区域飞行，就等于乘坐一辆已经开动的列车，自己无须再费太大的力气克服阻力就可以轻松向前。这样，成群的雁以"人"字形飞行，就比一只雁单独飞行要省力，也就能飞得更远。

　　善于合作是一个人谋求发展的永恒主题。要有心与人合作，善假于物，那就要取人之长，补己之短，而且能互惠互利，让合作的双方都能从中受益。

　　人只要相互合作，也会产生类似的效果。只要你以一种开放的心态做好准备，只要你能包容他人，你就有可能在与他人的协作中实现仅凭自己的力量无法实现的理想。

草地上，一群水牛正在吃草。忽然，有群野狼向牛群袭来，几只幼小的牛掉头就想逃跑。这时，一头老牛叫住了它们，问道："你们几个的速度比狼快吗？"小牛说："我们这么少，野狼那么多，打起来我们不是它们的对手。"老牛说："不要害怕，咱们的犄角是最好的利器。只要大家齐心协力，一定能够战胜狼群！"老牛把所有的牛叫到一起，教它们尖角朝外站成一个圆圈，说："好了，我们的阵势摆好了，现在可以战斗了。不过，我希望大家充满信心，不要以为我们数量少就不是群狼的对手。勇敢些，不要害怕！无论狼群从哪个方向进攻，我们都用犄角对付它们！"

　　狼群上来了。它们凶猛地扑向水牛，可万万没有想到，一开始就碰到了牛角上，不得不往后退。狡猾的狼群从两面进攻，也同样被齐心的牛群击退。最后，无可奈何的狼群分成几伙从四面八方同时进攻牛群，结果仍然是一个个都碰到牛角上，它们只得带着伤无奈地逃跑了。

　　为数不多但沉着勇敢的牛群，依靠相互合作，终于战胜了凶恶的野狼。

　　这是一则寓言故事，但它昭示了一个简单的道理：团结就是力量；优秀的团队无往不胜！在2002年世界杯赛场上，法国队以上届世界杯冠军的身份参战，虽然他们是上届冠军，虽然他们拥有当时世界上"最值钱"的球星齐达内，但是他们没有利用团队协同作战的优势，结果在小组赛中，以一球未进、一平两负的结果被淘汰出局，让球迷们伤透了心。相反，亚洲球队中的韩国队的表现令人振奋，场上11名球员在没有大牌球星的情况下，齐心协力，敢打敢拼，终于一路高歌，杀进了4强。韩国队的成功，正是团队协作的成功。团队的协作是最重要的取胜之道，应用、发挥团队中每个成员的智慧和才干，要比拥有一两个明星更有价值。

成群的大雁以"人"字形飞行，就比一只雁单独飞行要省力，也就能飞得更远。思考与人相互合作，也会产生类似的效果。只要你以一种开放的心态做好准备，只要你能包容他人，你就有可能在与他人的协作中实现仅凭自己的力量所无法实现的理想。

学会适应对方

贤德之人，总是能够忍受自己的种种不适，去适应别人。因此，他们往往受到人们的拥戴，成为流芳千古的英雄人物。

在美国印第安保护区有个原始部落，这个部落的人一直赤身裸体地活动，即使集会也不例外。外界的文明自然无法容忍这种行为，因此，这个特别的风俗，让这个原始部落饱受外人的白眼与嘲笑，但即使如此，他们仍然不愿意改变这个传统。

有一年，这个原始部落不幸发生瘟疫，全部的族人几乎都被感染。为了活命，他们决定到邻近的城镇里，邀请一位当地有名的医生前来帮助他们治病。然而，这位医生一想到他们的传统，便感到相当为难。但是，这位医生心地善良，看着跪在地上的求助者，医生的使命感与责任感不断地被激起，最终他还是勉为其难地答应了。

　　当这个使者回家告诉这个部落里的族人时，他们高兴得欢呼起来，但是接着，又出现了一件麻烦事，那就是他们那个习俗。为了迎接医生的到来，原始部落的族人们紧急开会决议，为了尊重这位名医，他们决定破例穿上衣服。所以，这天所有人都特地穿上了衣服，有的人甚至打上了领带，聚集在集会所里，等待医生的到来。

　　悠扬的钟声响起，医生缓缓地走了进来，然而眼前的情景，却让在场的每一个人都愣住了，这也包括医生本人。因为，老医生背着沉重的医疗器材走进来时，身上居然一丝不挂！

　　有些人可能把这个故事当成了笑话，印第安人和医生都在做和对方背道而驰的事情，但你会被这些人的善良感动。一方为了外界的文明，一方为了部落里的习俗，他们的心是向善的，他们的行为是高尚的。他们忍受住了自己的不适，为了对方，打破了心中条条框框的束缚。有愉快、礼貌、谦和、诚恳的态度，又有忍耐精神的人，是一个幸运的人。因为他在适应对方的同时，也获得了对方的认可，从而也就登上了进步的阶梯。

忍耐是成功的手段，细看人生，何尝不是在忍中学习、忍中成长、忍中有得。可是，我们却往往忽略了"忍"的功用，于关键时刻，反而失掉了忍的功夫，铸成大错，一生悔痛，永难弥补。忍小为谋大，只有忍耐此时的艰辛，忍耐此时的落寞，才能成就彼时的成功。

别跟自己过不去

英国著名剧作大师莎士比亚曾经说过："什么样的生活都有乐趣，什么样的体验都有幸福。"其实，人世间本没有过不去的坎，一切的逆境都可以旷达处置，所有的困难都可以忍耐对待，做人大可不必拘泥于缺陷，只有这样，方能逍遥一生。

一个边远的山区里，有两户人家的空处长着一棵枝繁叶茂的银杏树，这棵树不知道是属于两户人家中的哪户，没有人去争过。秋天的时候，成熟的果子落在地上。村里的孩子们捡回一些，却都不敢吃，老人们说银杏果子有毒。

这样的日子过了许多年。有一天，其中一户人家的主人去了一趟城里，不经意间知道银杏果可以卖钱。于是，他摘了一袋背到城里，换回一大沓花花绿绿的票子。

银杏果可以换钱的消息不胫而走。另一户人家的主人上门要求两家均分那些钱，他的要求当然被拒绝了。情急之下，他找出土地证，结果发现这棵银杏树划在他家的界线内。于是，他再次要求对方交出银杏果的钱，并且告诉对方这棵银杏树是他家的。对方当然不会认输，他也开始寻找证据，结果从一位老人处得知，这棵银杏树是他曾祖父当年种下的。

在谁也不肯让步的情况下，两家闹起纠纷，反目成仇。乡里也不能判断这棵树究竟应该属于谁，一个有土地证，白纸黑字，还盖着大红印章；一个有证人、证言，前人栽树后人乘凉，自古使然。

于是，两个人起诉到法院。法院也十分为难，建议庭外调解。两人都不同意，他们认为这棵银杏树本应属于自己，为什么要共享呢？案子便拖了下来。他们年年为这棵银杏树吵架，甚至大打出手。

这样的故事延续了10年。10年后，一条公路穿村而过，两户人家拆迁，银杏树被砍倒，这场历时10年的纠纷才画上了句号。奇怪的是，两户人家谁也不要那棵树，因为树干是空的，只能当柴烧。

处处算计的人看上去十分精明，为了银杏树的归属而大打出手，可到最后，什么也捞不着。这种精明，只是"世俗的精明"，缺乏内心的积淀，必然要承受不可逆转的千疮百孔的伤害，随着时间的蹉跎，遗失了从容与淡定。只有能忍者，才能充分地享受自己的人生，理解幸福的含义。人的生命何其短暂，我们可以做的事情那么多，为什么要和自己过不去呢？我们无法预知未来，但我们可以把握现在，凡事忍一忍，一切都可以过去。刺猬一样的人，纵然能得到一时的小利，却难免失去长远的大利。只有能忍耐者，才因为暂时的不计较，而得到长久的安宁和幸福。

第三章

做人要方，做事要圆

方是为人处世之根本

做人最重要的是什么？一位社会学家说得好，做人最重要的是要出于公心。翻开人类的历史，公心对人，平心对事，为人处世最好是权衡轻重，以求"公平"二字，则人们没有不服从的。不能以公为私，以私害公，这两点最好是铭记在心。这也是处世服人的一个要点。"方"是堂堂正正做人的精神脊梁。这个世界上最受欢迎、最受爱戴的那些人物无不是具有"方"之灵魂。

历史记载："范文忠公身为谏臣，赵清献公作为御史，因辩论事情意见相左而互有隔膜。王荆公几次诋毁范公，并且说：'陛下问赵抃，就知道他的为人。后来有一天，神宗问清献公赵抃，赵抃回答说：'忠臣。'皇上说：'你怎么知道他是忠臣呢？'赵抃回答说：'嘉初期，神宗违豫，他请立皇嗣，以安定国家，难道这不是忠吗？'退出后，王荆公问赵抃说：'你不是与范仲淹有仇隙吗？'赵抃说：'我不敢以私害公。'"不敢以私害公，说起来容易，做到就难了。既然不敢以私害公，自然也不敢以公为私。从那以后，有几个人能及他？不但范文忠公佩服他，神宗也佩服，王荆公也不得不服。

不以公为私，就在于廉而不贪。这不但要观察他的从前，尤其要观察他的后来。顾亭林在《日知录》中说，季文子死时，以大夫礼节入殓，以他用过的家用器具陪葬。没有锦衣的妾婢，没有吃粮食的马，没有家藏的金银，没有贵重家器。君子这就知道季文子是忠于王室了。辅佐三代君主，而没有家私积蓄，难道说其不忠吗？

为官不为财，只是为了尽自己的责任，发挥出自己的最大作用。像这样的人，还有很多，诸葛亮就是其中之一。

诸葛亮呈表给后主刘禅说："我家在成都有八百棵桑树，薄田十五顷，子孙的穿吃二事，全靠自家，我觉得宽裕有余。至于我在外面，没有别的调度，只有随身衣物、食用之类，全都仰仗官府，不另索取，以长尺寸。我死的时候，不要使内有余帛，外有赢财，以辜负陛下。"到诸葛亮死的时候，正像他所说的那样。廉洁，不过是人臣的一节，而史家称他为忠。诸葛亮是以无为自负的人而已。读过诸葛亮的表言，可以看出他的操守，他的志趣，他的肝胆，他的赤诚之心，无不字字见血，句句心长，可以与日月同辉。读了他的表言的人，几乎没有人不为他的精神所感化。

因为清廉，所以受人尊敬，也因为清廉，所以能够名传千古。诸葛亮等人的这种精神，不仅为自己的人生亮了一盏明灯，更是对后人起到了深远的影响。所以曾国藩在面对自己的学生时，曾经这样强调："当学诸葛，两袖清风，以贪赃枉法、受贿自富作为大戒，人情馈赠，也宜当免除。"

道光二十八年（1848年），曾国藩因为处理满族秀才闹事的案子，遭到了满族大臣的弹劾。为了息众怒，道光皇帝对曾国藩采取了惩罚，从二品官员降职为四品。官位虽然不及以前，但是曾国藩的实权却大了起来。当时，曾国藩的名声被传得越来越响，京城之中，就没有不知道他的，所以前来拜访的人也越来越多，求字求文的人也不少。

在官场中，曾国藩一直怀着"当官以发财为耻"的信念，所以每年除了那一点俸禄，也就没有什么额外的收入了。曾国藩遭贬职以后，虽然权力大了，可是俸禄却减少了，一段时间下来，曾府的生活变得更加拮据了。

对于生活上的事情，曾国藩是不操心的，可是他的管家唐轩却急得不行。这天，唐轩拿着账本给曾国藩过目，还没等他说话，曾国藩就问："是家里没钱了吧？"唐轩说："大人英明。不瞒您说，您上个月光给人写字用的纸墨钱就二十两银子，可是给出去的字却分文未收，这就是白扔钱啊。咱们的账上现在只有十二两银子了。"曾国藩笑着抚慰唐轩说："没关系，咱们省着点用，够撑到下个月发俸禄的时候了。以后每顿饭可以只吃素菜，这样可以节省一些钱，也可以再裁下去两个轿夫，省几个大钱。"

唐轩听了，忙跟曾国藩说："大人，咱们家的轿夫能用几个钱啊？他们都比别家大人的轿夫少挣很多钱的，之所以不离开大人，是因为看重大人的人品。如果大人就这么把他们裁了，恐怕对不住人家的这份心啊。"曾国藩闻言，心里又是一阵感触："大家何苦跟我受这个苦呢！"

唐轩说："大人，同样的为官，恐怕只有您的收入最少了。"曾国藩点了点头，说："我要是想挣更多的钱，就不会做官了，当官要的就是名声，如果为了一些钱而毁了自己的名声，那还不如不做了。很多人看不透这一点，所以不能做一个廉明的好官。其实廉和贪就好像是一对兄弟一样，一不小心就可能将自己送入万劫不复的深渊啊。"

唐轩听了大人的话，被大人为官不贪的品质深深地感动了。是啊，自古以来，为官者无数，贪者，自然不会有好名声，不被人们所信服。

曾国藩说得没错，要想发财就不要去做官，以做官而发财，终究会有凄凉之日。作为一身之计，就不必为财；为了子孙之计，就不必留财。财多，必然累己、害己。还不如清廉自守，留个好名声，留个好榜样给子孙后代。

保持本色，坚守原则，不忘我们做人处世之根本，是我们在这个世上立足立身之根本。不忘做人处世之本，才能立得长久。

圆是宽容应世之锦囊

人生也像大海，处处有风浪，时时有阻力。做人是与所有阻力进行较量，拼个你死我活，还是积极地排除万难，去争取最后的胜利？有些人面对人生疑问时，总是消极地逃避。

人的觉悟程度，是人生经历的结果。改变他人就像改变自己一样，是一个艰难的过程。人们固然需要对他人的劣根性进行批判，然而，更需要做的是对他人施以诚挚的厚爱和包容。在他人做了伤害自己的事情的时候，多给予一些体谅和理解，也许事情就会有不一样的结局。

宽容他人，给他人更多的包容和爱，其实也是放过了自己。因为愤恨他人的人，其内耗是极大的。这也是一种自我的损失。

仇恨是带有毁灭性的情感，如果一直背负着，其中的痛苦将不堪设想。可是，很多人就是喜欢这样，将上一辈的仇恨留给后人，希望代代相传，将对方置于万劫不复之中。其实，这样做，虽然自己的情感上得到了满足，但是将仇恨的种子延续下去，就会加重后辈的负担，甚至剥夺了原本属于他们的快乐。

这种仇恨的种子一旦被"遗传""继承"，就会演变为更加可怕的破坏力。我们在心中怀恨、心存报复的同时，我们的身心也同样被恶毒所折磨。

一个心中常想报复的人，其实自己活得也并不快乐。因为他的精力几乎全用在想怎样报复这种不愉快的事上了，而且就算成功他也会有种失落与悔恨交织的情感。《呼啸山庄》中的男主人公希斯克利夫先生，由于小时候受到其他人的嘲弄，发誓报复。当他回归山庄时便展开了一系列报复行动，最后许多人因此而相继痛苦地死去，但他那苍老的心却突然感到一种可怕的孤独，这就是对报复的报复。

光想着报复别人的人，会不惜一切代价，即使是为此牺牲了自己太多的欢乐时光，他也不会注意。可是当有一天，他想报复的人已经不在了，或者以后没有力气再去跟别人计较的时候，他就会突然发现，原来自己已经付出得太多太多。仇恨的人也许对我们的伤害还不足1%，可是我们却在用自我惩罚的方式加上了那99%。

所以，对待曾经伤害自己的人，不要一直怨恨，而应圆融以对，给予一点宽容，我们就能透过乌云看到阳光。

圆能让人懂得分享

圆融的人会放下自己的利益去迎合别人，当然也会懂得与人分享。在分享的过程当中，圆融的人看似付出了很多，可是他们从对方身上得到的，要比那些只懂得死守自己利益的人要多得多。

从前，有两个饥饿的人得到了一位长者的恩赐：一根鱼竿和一篓鲜活硕大的鱼。一个人要了一篓鱼，另一个要了一根鱼竿，于是，他们分道扬镳了。得到鱼的人原地就用干柴搭起篝火煮起了鱼，他狼吞虎咽，还来不及品出鲜鱼的肉香，转瞬间，连鱼带汤就被他吃了个精光，不久，他便饿死在空空的鱼篓旁。另一个人则提着鱼竿继续忍饥挨饿，一步步艰难地向海边走去，可当他已经看到不远处那片蔚蓝色的海洋时，他浑身一点力气也没有了，他也只能带着无尽的遗憾撒手人寰。

又有两个饥饿的人，他们同样得到了长者恩赐的一根鱼竿和一篓鱼。只是他们并没有各奔东西，而是约定共同去找寻大海，他俩每次只煮一条鱼，经过长途跋涉，他们终于来到了海边。

从此，两个人开始了以捕鱼为生的日子，几年后，他们盖起了房子，有了各自的家庭、子女，有了自己建造的渔船，过上了幸福安康的生活。

从上面的故事中，我们可以看出，只想着自己的人，往往要承受更多的痛苦，而只有懂得与人分享，才能体会更多的快乐。

一个生前经常行善的人见到了上帝，他问上帝天堂和地狱有何区别。于是上帝就让天使带他到天堂和地狱去参观。

到了天堂，他们面前出现了一张很大的餐桌，桌上摆满了丰盛的佳肴。围着桌子吃饭的人都拿着一把十几尺长的勺子。

不过令人不解的是，这些人都在相互喂对面的人吃饭。看得出，每个人都吃得很愉快。天堂就是这个样子呀！他心中非常失望。

接着，天使又带他来到地狱参观。出现在他面前的是同样的一桌佳肴，他心中纳闷：地狱怎么和天堂一样呀！天使看出了他的疑惑，就对他说："不用急，你再继续看下去。"

过了一会儿，用餐的时间到了，只见一群骨瘦如柴的人来到桌前入座。每个人手上也都拿着一把十几尺长的勺子。可是由于勺子实在是太长了，每个人都无法把勺子内的饭送到自己口中，这些人都饿得大喊大叫。

以上两个小故事很简单，却向我们揭示了同样一个道理：当你将自己的东西分享给别人的时候，你其实是在利用另一种方式获得。别人会因为从你这里获得了而对你感恩，他们回报你的，将可能会比你付出的多出很多倍。

我们生活在一个崇尚合作的世界上，一个人价值的体现往往就维系在与别人互助的基础之上。许多时候，与人分享自己所拥有的，我们才能找到自己的位置和方向，也才能使自己的价值最大化。

一家有影响的公司招聘高层管理人员，12名优秀应聘者经过初试，从上百人中脱颖而出，进入由公司老总亲自把关的复试。老总看过这12个人详细的资料和初试成绩后，相当满意。但是此次招聘只能录取4个人，所以，老总给大家出了最后一道题。

老总把这12个人随机分成甲、乙、丙3组，指定甲组的4个人去调查本市婴儿用品市场，乙组的4个人调查妇女用品市场，丙组的4个人调查老年人用品市场。老总解释说："我们录取的人是用来开发市场的，所以，你们必须对市场有敏锐的观察力。让大家调查这些行业，是想看看大家对一个新行业的适应能力。每个小组的成员务必全力以赴!"临走的时候，老总补充道："为避免大家盲目开展调查，我已经叫秘书准备了一份相关行业的资料，走的时候自己到秘书那里去取。"

两天后，12个人都把自己的市场分析报告送到了老总那里。老总看完后，站起身来，走向丙组的4个人，与之一一握手，并祝贺道："恭喜4位，你们已经被本公司录取了!"老总看见大家疑惑的表情，平静地解释道："请大家打开我叫秘书给你们的资料，互相看看。"原来，每个人得到的资料都不一样，甲组的4个人得到的分别是本市婴儿用品市场过去、现在和将来的分析，其他两组的也类似。老总说："丙组的4个人很聪明，互相借用了对方的资料，补全了自己的分析报告。而甲、乙两组的8个人却分别行事，抛开队友，自己做自己的。我出这样一个题目，其实最主要的目的，是想看看大家的团队合作意识。甲、乙两组失败的原因在于，他们没有合作，忽视了队友的存在! 要知道，团队合作精神才是现代企业成功的保障!"

人生的成功与否往往取决于是否善于与他人分享自己所拥有的，自私的人往往对他人漠不关心，他们只在意自己的"一亩三分地"，只管攫取，从不奉献。工作中的失败者常常抱着"分享给你我就多了个对手"的态度，一意孤行，最后往往事倍功半甚至一事无成。而真正的成功者会以一颗圆融的分享之心去做到信息共享，抱着"如果我帮你获胜，那么我也就胜利了"的态度，取得共赢。

坚持是方，放弃是圆

舍是圆，得是方。人们愿意获得，可是获得要在正确的道德的指引之下，而不能面对不良事物的诱惑而迷失方向。该得的要得，不该得的就要放弃，所以做人既要方正，又要圆融，既要懂得坚守自己应得的利益，又要能够放弃不该面对的诱惑。

这样的道理说起来容易，做起来就很难。在面对诱惑的时候，尽管理智会告诉自己放弃，可是很多人还是经不住诱惑，从而做出了错误的决定。

非洲原住民抓狒狒有一绝招：故意让躲在远处的狒狒看见，将其爱吃的食物放进一个口小腹大的洞中。等人走远，狒狒就欢蹦乱跳地来了，它将爪子伸进洞里，紧紧抓住食物，但由于洞口很小，它的爪子握成拳后就无法从洞中抽出来。这时，猎人只管不慌不忙地来收获猎物，根本不用担心它会跑掉，因为狒狒舍不得那些可口的食物，越是惊慌和急躁，就将食物抓得越紧，爪子就越无法从洞中抽出。

听说过这个故事的朋友都大呼"妙"！此招妙就妙在人将自己的心理推及类人的动物。其实，狒狒们只要稍一撒手就可以溜之大吉，可它们偏偏不!在这一点上，说狒狒类人，亦可说人类狒狒。狒狒的举止大都是无意识的本能，而人如果像狒狒一般只见利而不见害地死不撒手，那只能怪他利令智昏或执迷不悟了。

该放手时请放手，不可陷得太深。留得青山在，不怕没柴烧。事实上，放手可以减轻许多麻烦和折磨，可以轻松地去开始另一个更有意义的事业。做人应该灵活点，不能像狒狒那样一根筋。这就是所谓不舍就不得，舍弃才能得到的道理。

"舍得"在某种情况下就是一种变通。

从前有两个年轻人，一个叫小山，一个叫小水，他们住在同一村庄，成为最要好的朋友。由于居住在偏远的乡村谋生不易，他们就相约到远地去做生意，于是同时把田产变卖，带着所有的财产和驴子到远地去了。

他们首先抵达一个生产麻布的地方，小水对小山说："在我们的故乡，麻布是很值钱的东西，我们把所有的钱换取麻布，带回故乡一定会有利润的。"小山同意了，两个人买了麻布，细心地捆绑在各自的驴子背上。

接着，他们到了一个盛产毛皮的地方，那里也正好缺少麻布，小水就对小山说："毛皮在我们故乡是更值钱的东西，我们把麻布卖了，换成毛皮，这样不但我们的本钱回收了，返乡后还有很高的利润!"

小山说："不了，我的麻布已经很安稳地捆在驴背上，要搬上搬下多么麻烦呀!"

小水把麻布全换成毛皮，还多了一笔钱。小山仍然有一驴背的麻布。

他们继续前进到一个生产药材的地方，那里天气苦寒，正缺少毛皮和麻布，小水就对小山说："药材在我们故乡是更值钱的东西，你把麻布卖了，我把毛皮卖了，换成药材带回故乡一定能赚大钱的。"

小山拍拍驴背上的麻布说："不了，我的麻布已经很安稳地在驴背上，何况已经走了那么长的路，卸上卸下太麻烦了!"小水把毛皮都换成药材，还赚了一笔钱。小山依然有一驴背的麻布。

后来，他们来到一个盛产黄金的城市，那满是金矿的城市是个不毛之地，非常欠缺药材，当然也缺少麻布。小水对小山说："在这里药材和麻布的价钱很高，黄金很便宜，我们故乡的黄金却十分昂贵，我们把药材和麻布换成黄金，这一辈子就不愁吃穿了。"

小山再次拒绝了："不!不!我的麻布在驴背上很稳妥，我不想变来变去呀!"小水卖了药材，换成黄金，又赚了一笔钱。小山依然守着一驴背的麻布。

最后，他们回到了故乡，小山卖了麻布，只得到蝇头小利，和他辛苦的远行不成比例。而小水不但带回一大笔财富，而且把黄金卖了，成为当地最大的富豪。

人一定要懂得在适当的时候变通，无谓的坚持是没有意义，也没有价值的。常常觉得执着跟放手都需要很大的勇气。在追求自己的执着时，往往要做出牺牲，而那样的牺牲就叫作放手。在决定放手的时候，又经常是为了追逐别的。想要天底下出现事事完美的好状况，概率实在是低得很，鱼与熊掌有九成九的机会不可兼得。

这就是抉择。

舍得之间，成大方圆。

阴无阳不利，刚无柔不生

老子在《道德经》中云："人之生也柔弱，其死也坚强。草木之生也柔脆，其死也枯槁。故坚强者死之徒，柔弱者生之徒。是以兵强则灭，木强则折。强大处下，柔弱处上。"由此可见，柔的力量是惊人的。将柔性运用于为人处世之中，往往能够无往不利、出奇制胜。

东汉末年，夺取西川是刘备的既定方针和基本战略目标。但是"蜀道之难，难于上青天"，欲取西川，必须先获取西川地理图本，以便详细了解西川的复杂地形。正当刘备筹备之时，益州别驾张松来了。张松本来是奉刘璋之命携带金珠锦绮为进献之物前往许都的，任务是联结曹操，共治张鲁。行前，张松还有一个打算，随身暗藏画好的西川地理图本，到许都见机行事。张松的行迹，诸葛亮早派人随时打听着。没想到他到许昌之后，曹操表现出一副骄横傲慢的样子，对他的游说反应十分冷淡，一气之下，他挟图离开了许昌。可是他离开益州时在刘璋面前夸过海口，这次倘若无功而返、空手而归，又怕被人取笑。他突然想到：早就听说荆州的刘备仁高义厚，美名远播，我何不绕道走一趟荆州，看看刘备究竟是何等人物，然后再做定夺，于是改道来到荆州。

刘备一连留张松饮宴三日，从不提起川中之事。张松告辞准备返回益州，刘备又设宴送行。刘备亲自为张松斟酒，嘴里说道："承蒙张大夫不见外，故能留住三天，今日一别，不知何时方得赐教。"说完不觉潸然落泪。张松暗地寻思："刘备如此宽仁爱士，实在难得，我也有些不忍舍他而去，不如劝他径取西川。"于是说道："我也朝思暮想在你鞍前马后侍奉，只是未得其便。据我看来，你现在虽据有荆州，但东面孙权虎视眈眈，北面的曹操又常有鲸吞之意，恐怕不是久居之地呀！"刘备说："我也知道严峻的形势，但苦于再无别的安身之所啊！"张松又说："益州地域，地理险塞，沃野千里，乃天府之国。凡有才干的智士仁人，很早就仰慕皇叔你的功德，倘若你愿意率荆州之众，直指西川，则肯定霸业可成，汉室可兴。"刘备一听此言，故作震惊，慌忙答道："我哪敢有如此妄想。据守益州的刘璋也是帝室宗亲，又长久恩泽西川黎民，别人岂能轻易动摇他？"此时的张松已完全落入刘备和诸葛亮的圈套，而且步步走向圈套的核心还不觉察，一听刘备这番话，更敬佩他的宽仁厚道，于是把心里话掏出来了："我劝刘皇叔进取西川，并不是卖主求荣，而是今天遇到了明主，不得不一吐肺腑。刘璋虽据有西川之地，但他本性懦弱，且是非不分，又不能任贤用能。况且北面的张鲁时有进犯之意。现在西川人心涣散，有志之人都希望择主而事。我这次本来受命去结交曹操，没想到他傲贤慢士，冷淡于我，一气之下我弃他而来见你。你若是先取西川为基础，然后向北发展图得汉中，最后收取中原，匡扶汉堂，将有名垂青史的大功。你要是愿意进取西川，我张松愿效犬马之劳，以做内应，不知意下如何？"

此时的刘备，见时机成熟，开始收紧套环，进入正题，但仍不露声色，只是无可奈何地说道："我对你的厚爱表示感谢，无奈刘璋与我同宗，同宗相拼，恐怕落得天下人笑话呀！"此时的张松已是不能自已了，生怕这笔"交易"做不成，错过机会，反过来还去做刘备的动员工作，只见他急切地说道："大丈夫处世，理当建功立业，哪能如此瞻前顾后、婆婆妈妈的。今天你若不取西川，他日为别人所取，那就悔之恨晚了！"直到这时，刘备的谈话才涉及与地图有关的事。他说道："我听说西川之地，道路崎岖，千山万水，双轮车无法通过，连匹马并行的路都没有，就算想进军，也苦无良策啊！"张松终于和盘托出了。他忙从袖中取出图，递给刘备说："我深感皇叔盛德，才献出此图给你，一看此图，便对西川的地形地貌一目了然了。"刘备略为展开一看，只见上面地理行程、远近阔狭、山川险要，府库钱粮一一俱载明白。刘备看到地图到手，自然高兴不已。可张松还嫌不够，进而说道："我在西川还有两个挚友，名叫法正、孟达，皇叔你欲进西川，他二人也肯定愿意相助。下次他二人若到荆州，你完全可以心腹事相商。"直到这时，这场"索图戏"方得谢幕。

在张松左右不定仍有退路的时候，刘备以厚待之，表现出了做人的柔和，可是当张松已经没有退路准备一心投靠他的时候，刘备又表现出了强硬的一面，从而顺利地得到了地图，既证实了张松的忠贞，又达到了自己的目的。这就是管理者的刚柔策略。

俗话说，柔弱之水可为滔天巨浪、摧枯拉朽、吞噬一切，可凿岩穿壁、滴水穿石。诚如刘备，柔并不是弱，刚也并非是因为强，刚柔不过是为人处世的一种策略，关键是看人们怎么运用它。

方圆通融才能久立于世

方，方方正正，有棱有角，指一个人做人做事有自己的主张和原则，不被人所左右。圆，圆滑世故，融通老成，指一个人做人做事讲究技巧，既不超人前也不落人后，或者该前则前，该后则后，能够认清时务，使自己进退自如，游刃有余。方圆之道其实就是一种变通的智慧。

一个人如果过分方方正正，有棱有角，必将碰得头破血流；但是一个人如果八面玲珑，圆滑透顶，总是想让别人吃亏，自己占便宜，也必将众叛亲离。因此，做人必须方外有圆，圆内有方，变通行事。

外圆内方之人，有忍的精神，有让的胸怀，有貌似糊涂的智慧，有形如疯傻的清醒，有脸上挂着笑的哭，有表面看是错的对，有看似吃亏的受益，有形如舍的得……

商界有巨富，官场有首脑，世外有高人。他们的成功要诀就是灵活变通，精通了何时何事可方、何时何事可圆的为人处世的技巧。

"书圣"王羲之的家族，是东晋有名的望族，他的伯父王敦当时任大将军，掌管东晋的兵马大权。王敦虽已位极人臣，享尽荣华，但他的野心很大。王敦从未放弃过做皇帝的欲望，而他的谋士钱凤，一直在给王敦鼓动打气。二人气味相投，经常在一起商讨篡权之事。

一天早晨，王敦起床不久，钱凤就急急地来找他。二人关起门来，谈起了"谋反"的机密。

钱凤用极为神秘的口气，对王敦说着一些他刚掌握的动向。二人谈了好一阵子。王敦听了钱凤带来的情报，非常激动，猛地站起身，正要开口说话，突然停了下来。

他透过窗子，看到对面房间里垂着的帐子动了一动。这使他想起侄儿王羲之还在床上睡觉。

王羲之这年才十一二岁，平时最受王敦器重。王敦把聪明机灵、悟性极高的王羲之看作王家的接班人。他经常把王羲之带在身边，留在自己府中生活。这一次，王羲之已连续几天吃住在王敦家中了。他的卧室恰好紧挨着客厅。当钱凤到来时，因为双方都紧张，王敦便把王羲之在屋里睡觉的事忘得一干二净，直到这时才想起来。王敦大惊失色，对钱凤说："羲之还在这里睡觉。我们刚才说的话，让他听去了可怎么办？"

经王敦这么一说，钱凤也急了，他说："大将军，计划泄漏出去，我们死无葬身之地！量小非君子，无毒不丈夫啊！干脆一不做，二不休……"

听了钱凤的话，王敦想了又想，到最后终于心一横说："对，不能儿女情长。"转头向着王羲之睡觉的那个房间点点头："羲儿呀，你就莫怪我这做伯伯的无情无义了！"王敦说着，拔出了宝剑，提剑直奔王羲之睡觉的床前。

王敦撩起帐子，忽然看见王羲之睡得正香甜。

王敦掀起帐子，王羲之也毫无反应。王敦看着十分钟爱的侄儿，庆幸自己的密谋并没有被侄儿听去，于是，打消了杀侄儿的念头。王敦收回宝剑，插入鞘中，走了出去。

其实打钱凤进门时起，王羲之就醒了，无意中偷听到了伯父与钱凤的话，很快，王羲之意识到了自己的处境非常危险，幸亏他及时使自己平静下来，神态自若，完全像睡着一样，一点破绽也没有露出来，王敦才没有下手。

大难临头，不懂得圆融的人就不懂得隐藏自己，更不知道平复自己的情绪，镇静地面对危难。所以，懂得圆融，不仅仅是为了与人相处融洽，更多的时候是为了保护自己。

　　做事情，难免会遇到阻力。不懂圆融的人，总是喜欢斤斤计较、处处与人摩擦，即便他本领高强、聪明过人，也往往会使自己壮志难酬，事业无成。总呈现出棱棱角角，容易碰壁，为了减少前进中的阻力，为了集中精力去实现自己的理想和愿望，必要时，我们应该做出某种让步或妥协，即用圆的方法去取代方的精神，当然我们也不能把方全丢了。

　　人们活在社会当中，像舟行于江河，处处有"风浪"，有阻力，而一个人如果时时刻刻以方处之，以硬碰硬，竭尽全力与阻力相较量、相抵抗，甚至拼个你死我活，这样做的结果，不仅精力不足，而且树敌太多。与其如此，何不适当地用些圆的方法，积极地去设法排除一些困难或减少部分阻力，这样就能使通向成功之路上少几块绊脚石。

　　行事为人，过于方正可能会树敌过多或显得不近人情而伤了别人；然而，过于婉转又容易被人说成圆滑，所以行方圆之道要掌握"火候"，这就是变通的精髓。总而言之，无论软硬兼施也好，有方有圆也好，都要记住"无方不成圆"，在坚持方正的原则中以圆融处世，做人做事懂得变通，这才是在社会中长久立足的秘诀。

第四章

做人讲原则，做事讲变通

坚持走自己的路

"走自己的路，让别人去说吧！"相信对于意大利著名诗人但丁的这句名言，每个人都不会感到陌生。但是，在现实生活中，又有几个人能做到真正的信奉它、实践它呢？相信能够充满自信地回答"是"的人并不会很多。因为大多数人都会很在意别人的眼光以及别人对自己的评价，甚至将自己"改造"成别人眼中的自己。这无异于在不断放大自己的弱点，成为别人的"傀儡"。可是，世界上没有两片一模一样的叶子，每个人都是世界上独一无二的，这个道理适用于每一个人。所以，无论何时何地，我们都要相信自己能行，相信自己永远是独特的。

惠特曼是美国著名的民主诗人，他歌颂民主自由，他的诗歌体现了美国人民对民主的渴望，他赞美劳动人民的创造性，他的诗给人以积极向上和生气勃勃的精神。

当年，惠特曼深受著名作家爱默生的影响，决心创作出一些能够反映民主的优秀诗歌。后来，他的《草叶集》问世了。这本诗集热情奔放，冲破了传统格律的束缚，用新的形式表达了民主思想，表达了对种族、民族的社会压迫的强烈抗议。它对美国和欧洲诗歌的发展产生了巨大的影响。《草叶集》的出版使爱默生激动不已。他给予了这本诗集极高的评价，称这些诗是"属于美国的诗""是奇妙的""有着无法形容的魔力""有可怕的眼睛和水牛的精神"的诗篇。

但是，因为惠特曼采用的是一种创新的写法——不押韵的格式，而且在内容方面也极其新颖，所以，尽管得到了爱默生这样著名人物的好评，也并不是很容易被大众所接受。1855年底，《草叶集》印了第二版，在这版中惠特曼又加进了20首新诗，然而效果仍然不是很好，惠特曼依然在坚持。

1860年，惠特曼决定印行第三版《草叶集》，并决定在其中再补进一些新作。但是当他把这些新作拿给爱默生看时，却遭到了爱默生的极力劝阻和反对。因为，爱默生觉得其中有几首关于刻画"性"的诗歌有些不太适合放在这本诗集中。

面对这位激发了自己的斗志，影响了自己一生的前辈，惠特曼并没有妥协："删除后，这还会是一本完整的书吗？"惠特曼仍坚持着："在我的灵魂深处，我的意念是不服从任何束缚的，它在走着自己的路。《草叶集》不会被删改，任由它自己繁荣和枯萎吧！"他又说："世上最脏的书就是被删减过的书，删减意味着道歉、投降、不自信……"

就这样，第三版《草叶集》出版了，也获得了空前的成功。不久，它便跨越了国界，传到了英格兰，传到了世界上的许多地方。

为什么不被爱默生看好的第三版《草叶集》可以获得巨大

的成功呢？原因很简单，就是因为惠特曼的坚持，因为他坚信自己的诗歌可以震撼人们的心灵。内心强大的自信，让他产生了巨大的勇气，坚持走自己的路，最后他也终于找到了属于自己的天空。

真正成功的人生，不在于成就的大小，而在于你是否努力地去实现自我，喊出属于自己的声音，走出属于自己的道路。

执着于人生目标

当你坚信某一件事情的时候，就无疑给自己的潜意识下了一道不容置疑的命令，有什么样的信念就决定你会有什么样的力量，一切的决定，一切的思考，一切的感受与行动都会受控于某一种力量，它就是信念。

这是一个真实的故事。当年，有一家花木园艺所将以重金征求纯白色金盏花的启事登在了报纸上，这件事在当时引起了轰动。高额的奖金让许多人跃跃欲试。但大家都知道，在千姿百态的自然界中，金盏花除了金色就是棕色的，颜色再浅一点的都没有，何况是纯白色的？想要达到园艺所提出的要求，几乎是不可能的。许多人一阵热血沸腾之后，就把那则启事慢慢地淡忘了。

一晃20年过去了。当这件事早已被人们彻底遗忘的时候，有一天，园艺所意外地收到了一封热情的应征信和几粒纯白金盏花的种子。当天，这件事就不胫而走，再次引起了轰动。

寄种子的是一个年逾古稀的老人，她是一位地地道道的爱花人。20年前，当她偶然看到那则启事后，便怦然心动，决定把这件事干下去。当时她已是退休的年龄了，加之身体又不是很好，儿女们都想让她过一个清闲的晚年，他们对这件事一致表示反对，但她没有放弃，义无反顾地干了下去。最初，她撒下了一些最普通的金盏花的种子，精心莳弄。一年之后，金盏花开了，她从那些金色的、棕色的花中挑选了一朵颜色最淡的，任其自然枯萎，留下种子。第二年，她把这颗种子种了下去，然后，再从开出的花中挑选出颜色更淡的花的种子，第三年把它种下去……就这样，日复一日，年复一年，20年就在她反反复复的种植中过去了。终于，在20年后的一天，她在那片花园中看到一朵金盏花，它不是近乎白色，也并非类似白色，而是如雪的白色。一个连园艺专家都解决不了的问题，在一个不懂遗传学的老人手中迎刃而解，这是奇迹吗？

其实每个人心中都有一颗平凡但却充满希望的种子，没能让它开出理想的花朵，是因为少了一分对希望之花的坚持与捍卫，少了一分以心为圃、以血为泉的培植与浇灌，生命中最美丽的花期终将错过。执着于自己的人生目标，坚守自己的信念，那么就一定会创造出奇迹。

永不放弃信念

坚定的信念让人产生十足的动力，它对于人生的影响举足轻重。它隐藏在我们身体的内部，只要善于运用，它就是一股取之不尽的力量源泉。依靠坚定的信念，我们可以完成很多看起来不可能完成的事。强烈的希望就是一种坚强的信念，在这种信念的作用下，我们不但可以克服许多难以想象的困难，甚至连死神都会退步。

"亚历山大"号海轮已经连续航行了十几天，再需半天时间就将到达目的地。哈费特乐滋滋的，妻子和儿子马上就可以依偎在自己的怀抱里了。想到这里，哈费特兴奋地捧起挂在胸前的水壶，"咕咚""咕咚"喝了两口。

就在这时，船舱里冒出了股股浓烟，船出事了！惊慌失措的乘客们从船舱里拥向甲板。

"亚历山大"号在大风中开始剧烈地摇晃起来。

乘客们绝望地四处逃去，有的人"扑通""扑通"跳入水中。哈费特大声地喊着"冷静""不要慌"，但他的声音被乘客的尖叫声和咆哮的海浪声淹没了。哈费特眼巴巴地看着他们一个个跳入大海，被巨浪席卷而去。

哈费特跑到船舷旁，解开一个救生艇，他划着救生艇从水里救出6个人。这时，他听到一声震耳欲聋的巨响，看到"亚历山大"号升起了一团冲天的火球，"亚历山大"号船毁人亡……

救生艇被海浪猛烈地推搡着，生还的7个人则死死抓住了救生艇，任凭它摇晃、漂荡。直到第二天下午，海面上才渐渐风平浪静。7个幸存者极目四望，海天茫茫，他们不知身在何方。

哈费特对大家说："伙计们，少说些话，保存些体力，我们不知道什么时候才能得救。而我们现在已经没有食物和淡水了。"

大家沉默下来。有个人一眼瞥见哈费特胸前的水壶，气呼呼地说："你脖子上的水壶里装的不是淡水吗？你想要独吞它吗？"

哈费特看了看胸前的水壶，小心地摇了摇，然后他对大家说："给我们生命构成最大威胁的不是没有食物，而是没有水。这里只有一壶淡水，它是我们生命的最终保障，是救命的水，我们只有到了生理极限的时候，才能动它。"

在接下来的6天里，哈费特一直在用一把左轮手枪"捍卫"着这仅存的一壶淡水。在前3天，救生艇继续在海面上漫无目的地随波逐流，船上的人因为缺水而一个个地倒了下去，但是哈费特依然没有把水壶拿下来。第4天，一位夫人终于熬不住了，她时而昏过去，时而醒过来。她醒过来的第一句话就是："水……水……请给我点水。"哈费特依然不为所动，他让夫人继续坚持着。就这样，到了第6天，他们发现有一个人已经死去了。其余的6个人陷入了悲哀和绝望之中。这时候，大家质问哈费特，为什么不把水拿出来。哈费特没有任何解释，只是继续死死地守护着那壶水。

就在第6天夜幕降临的时候，远处传来了汽笛声。他们获救了。仿佛有一股力量注入大家的体内，原本已经虚弱无力的一个同伴爬到哈费特跟前，拽过那只水壶，他想一口气喝个痛快。但他感觉水壶太轻，好像没有水。他拧开水壶盖儿，将水壶口朝下，里面果然没有一滴水……

信念，是保证一生追求目标成功的内在驱动力；信念的最大价值是支撑人对美好事物孜孜以求。在人生的路上，如果能够相信自己，多给自己一点信心，以"别人能做得到，我能做得更好"的信念对待自己的人生，那么你的明天一定会更加灿烂辉煌！

穷则变，变则通

成功学说："没有做不到的事，只有不会变通的人。"其实，人的脑袋有时候就是一所最坏的监狱，它经常在不经意间就禁锢了人的思维，让人愁肠百转，却变化无方。

正所谓没有变化就没有生机，没有变化就没有发展，没有变化就没有未来。历史上最有神通的人物也没有能力走进今天的生活，因为一切都已经改变，而他们自己也已经灰飞烟灭。同样，我们要生存下去，就不能把自己尘封进历史，不能因循守旧，一成不变，而要寻求变通，机变为用，如此，才能赢定未来。

愚公移山，其执着精神虽然可嘉，但如果他能够变通一下，另选一处作为住宅，不知要省去多少子孙的辛苦。项羽乌江自刎，虽然霸气不减，但如果能够变通一下，过江重整山河，不知历史又要多出多少豪情。

生活像一条长河，当"山穷水尽"时，我们随机应变，另辟蹊径，于是出现了"柳暗花明"；当"失之东隅"时，我们通权达变，旁敲侧击，于是"得之桑榆"；当"穷途末路"时，我们临机应变，以退为进，于是"回头是岸"。

兵临城下，孔明轻抚三尺瑶琴，一人震退千军万马，没有一个"变幻莫测"，如何能够降服得了机智狡诈的司马懿？女人练兵，孙武斩宠妃立军威，宫女绝非乌合之众，没有一个"机变为用"，如何能够让"花容月貌"言听计从？

生活像一个顽皮的孩子，给我们打着一个又一个的小结，愚直的人固执持守，不撞南墙不回头，甚至撞了南墙也不回头；而聪明的人愿意多想一步、巧思一分。

历史在向我们证明着变通的高明，大自然也向我们展示了变通的奥妙。"流水不腐"，"问渠哪得清如许，为有源头活水来"，谁愿意享受一潭死水的人生呢？信息时代，变化无处不在，今天的阳光大道，到了明天也许就要变成独木桥；现在能独占鳌头，到了明天也许就被扫地出门。如果我们还故步自封、安于现状，哀叹着"不是我没能耐，只是世界变化太快"，那么还有什么比这更可悲的呢？

《易经》云："穷则变，变则通，通则久。"万物都有新陈代谢，电脑尚能随时更新，我们难道就永远不动声色，一成不变？我们必须要开动大脑，灵活机动、顺势而为，这样才能够把握生命的脉搏，永远立于不败之地。

敢为天下先

现实生活中，很多人没能成功，有时候并不是因为他们自身不具备成功的能力，而是因为他们怕与众不同，害怕成为被枪打中的"出头鸟"，所以他们宁愿安于现状，安于平稳，也不愿为了成功而冒险。因此，他们也将永远无法靠近成功。而反过来说，那些获得成功的人则大多是敢为天下先的人。鲁迅曾经说过："第一次吃螃蟹的人是很让人佩服的，不是勇士，谁敢去吃它呢？"

所以，当你站在一条已经有无数人走过的路上，遥望着难以企及的成功目标时，你应该果断觉悟，给自己一次冒险的机会，在看似不可能的地方开拓另一条更近更省力的路，走出固有思维的束缚，这样才有机会看到许多别样的人生风景，甚至可以创造出人生的奇迹。

1860年6月30日清晨，牛津大学博物馆大楼内的一个主席台上，最有威望的以雄辩著称的演说家韦柏福斯大主教和以赫胥黎为首的几位学者坐在那里，他们相对而坐，形成对垒。随后，一场激烈的论战开始了。

会场气氛紧张而热烈，双方唇枪舌剑，针锋相对，字字珠玑，妙语连珠，群众中不时爆发出哄堂大笑和雷鸣般的掌声，他们究竟在争论什么呢？

原来，这场论战全是由一本刚刚出版的名为《物种起源》的书引发的。这本书提出了一种骇人听闻的观点，它否定了教会一直向人们灌输的"上帝创造世界""自然界是恒定不变的"这些宗教学说，而提出自然界的一切动物和植物的形成是经过长期生存竞争、自然选择的结果，同时也否认了"人是上帝创造的"，而是与无尾猿有共同的祖先起源的观点。那么，这个否定神学、否定上帝的胆大包天的书的作者是谁呢？他就是英国伟大的生物学家查理士·达尔文。

如果没有达尔文的"敢为天下先"，恐怕全人类至今还没明白自己到底是从哪来的吧？

敢为天下先，要求一个人要有创新的精神，一个人踩着别人的足迹走，不会有成功，不会有壮举。成功者的人生轨迹各个不同，然而他们又都离不开"能够变通，敢于先行"的本性，正因为敢为天下先、与众不同，故能超凡脱俗；没有墨守成规，故能有所突破。

干事业是需要有胆有识，敢为人先的。人生也是一样，无论我们遇到什么困难，处于什么环境，都应该敢想敢做，敢于变通，而不要被老套顽固的思想所束缚。如果我们能够挣脱固有思维的约束，敢于在各个方面做"第一个吃螃蟹的人"，不断开创出新的处事方法，那么对于我们来说，天下就没有解决不了的问题，就没有办不到的事情了。

一个人在社会中、在事业上要取得一定成就，做出一定的贡献，光靠一些老方法、老套路是很难成功的。事实上也没有哪个人会在思维定式中获得成功。很多人都有这样的愚顽的"难治之症"，所以走不出宿命般的可悲结局。

因此，"敢为天下先"不仅是变通中的一种智慧，更是一种胆魄和勇气。敢于变通的人，就会敢于想别人所不敢想，敢于从不同的角度去思考，深信突破思维定式就可以找到正确的方法。

转变即创新

拿破仑·希尔说过："创新并不只是某些行业的专利，也不是超常智慧的人才具有创新的能力。只要愿意，谁都可以创新。"

现代社会是一个极力追求创新的社会，也正是因为创新，这个世界才会有瞬息万变的进步。在实际生活当中，好多人会认为创新是高深莫测的，应该只属于专家研究的事情，好像并非自己所能为。然而，事实并非如此，只要你敢于去想，创新就是很简单的事情，有时候，一种很轻易的转变，其实就是一种创新。

日本有一家味精公司，社长对全体员工下达了一项硬命令，要求员工们踊跃提出生产建议，以保证公司能成倍地增长销售量，而且公司保证，一旦建议被采纳，员工将会受到嘉奖。接到指示，各个部门都行动起来：生产部门琢磨生产技术，营业部门考虑营销技巧，宣传部门研究宣传策略。大家各抒己见，有的推出富有创意的广告，有的建议改变瓶体的形状，有的认为应该奖励销售人员，等等，不一而足。

有一个普通的女工也想提出一个好的方法，可是想了很久，也没有什么成果。这天下班回家做晚饭的时候，她想往菜里撒调味粉，可调味粉由于受潮结块很难从狭小的瓶口撒出来。于是，她的儿子只得将筷子捅进瓶口，用力在里面搅动了几下，这下调味粉结块被捣碎，从瓶口撒了出来。儿子的这个简单的举动一下子触发了女工的灵感，她高兴得跳了起来，因为她想到了一个绝妙的点子。

第二天，女工便把"将味精瓶瓶口开大一倍"这个建议交了上去。没想到，她的建议果然被公司采纳，她也因此获得了3万日元的奖金。更可喜的是，当她的建议被采纳并实施之后，公司的味精销售量开始成倍地提高。年终时，女工又从社长那里领取了特别奖。

由此可见，创新并非遥不可及，有时候甚至是唾手可得的。所以，不要以为创新仅仅出现在充满着专业术语的科学研究论文，或者是科技含量很高的产品，其实它更普遍地表现在人们一个个自己有时都没有注意的思维转换当中。而且，创新有时候也不需要你有多么渊博的知识，或者多么高的学历，有时候，它不过是我们在做事的时候寻找改进办法的一个过程。这种办法也许并不起眼，但它一旦被付诸实践之后，就可能产生巨大的效应。

创新只需要有一双发现的眼睛，思考别人想不到的事情，不顺着常人思路，只有比别人多转个弯，才能有与众不同的收获。

所以，不要再把创新高高地"供奉"起来，其实只要你的头脑稍微转变角度，就可能会有一个新发现。

第五章

做人心要真，做事脸须『厚』

笑容，记得保持笑容

有一次，英国游客杰克到美国观光，导游说西雅图有个很特殊的鱼市场，在那里买鱼是一种享受。游客们听了，都觉得好奇。

那天，天气不是很好，但杰克发现市场鱼贩们面带笑容，像亲密无间的棒球队员，让冰冻的鱼像棒球一样在空中飞来飞去，大家互相唱着："啊，5条鳍鱼飞到明尼苏达了。""8只蜂蟹飞到堪萨斯了。"这是多么和谐的生活，充满乐趣和欢笑。

杰克问当地的鱼贩："你们为什么会保持这样愉快的心情呢?"

鱼贩说，事实上，几年前这个鱼市场本来也是一个没有生气的地方，大家整天抱怨。后来，大家认为与其每天抱怨沉重的工作，不如改变工作的品质。于是，他们不再抱怨生活的本身，而是把卖鱼当成一种艺术。再后来，一个创意接着一个创意，一串笑声接着另一串笑声。

鱼贩说，大家练久了，人人身手不凡，可以和马戏团演员相媲美。这种工作的气氛还影响了附近的上班族，他们常到这儿来和鱼贩用餐，感染他们乐于工作的好心情。有不少没有办法提升工作士气的主管还专程跑到这里来询问："为什么一整天在这个充满鱼腥味的地方做苦工，你们竟然还这么快乐?"他们已经习惯了给这些不顺心的人排疑解难："实际上，并不是生活亏待了我们，而是我们期求太高以至忽略了生活本身。"

有时候，鱼贩们还会邀请顾客参加接鱼游戏。即使怕鱼腥味的人，也很乐意在热情的掌声中一试再试，意犹未尽。每个愁眉不展的人进了这个鱼市场，都会笑逐颜开地离开，手中还会提满情不自禁买下的海产品，心里似乎也会悟出一点道理来。

悲观的人对未来持否定的看法。他对任何事情总是做最坏的预测，在观察人的时候，他总是看到本质恶劣的一面。对悲观的人而言，社会是由一群狡猾、颓废而邪恶的人组成的，他们总是想利用周遭的事物为自己谋利。这群人既无法信赖，也不值得对其伸出援手。

对悲观的人谈起任何计划，他马上就会提出一连串有关这个计划的麻烦与障碍，而且他还会告诉你，即使圆满达成目的，最后只会尝到苦涩。

悲观的人有很强的感染力。如果某天早晨，偶然在路上碰到他，他会立即将消极的态度与无力感传染给你。我们每个人的内心都有一种期待被唤醒、引诱的"倾向"。悲观的人能够巧妙地掳获这种"倾向",借此实现其目的。

我们内心的"倾向"包括:第一,对不确定的未来的恐惧;第二,我们与生俱来的怠惰,希望躲在自己的壳里不要动。事实上悲观者的本质就是怠惰,他不愿努力适应新的事物,也不愿改变习惯。无论起床、用餐,以及度周末的方式,都要依照固定的模式进行。

乐观者则不同,他虽然也能察觉别人的恶意或缺点,但是他不愿将之视为障碍而犹豫不前。他相信每个人都有优点,并努力唤醒别人的优点。

人是有感情的动物,在愉快的气氛下工作可收事半功倍之效,不妨多关心别人,体贴别人。从今天起,努力做个受欢迎的同事吧!成功的你,将来获升迁的机会也相应大增!

笑容是最犀利的武器。当你托同事把文件做妥,说声"麻烦你",加一个笑容,他会被你的友善感染;或者同事把做好的计划书交给你,别忘记谢谢他并对他微笑一下,这不但是礼貌,也是感谢的表示。任何人都喜欢得到赞美。说一些别人爱听的话,只要不是谎话,便不算埋没良心。切莫对同事大叫大嚷。这不礼貌、他不友善。

即使你遇上难解的死结,情绪低落极了,也需要微笑,抛开烦恼,跟同事们谈笑,借此把恶劣的心情冲淡,使精神集中于工作。

笑容通常都会因给人明朗、温柔、好感的印象而抓住人心,但有时也能震慑住前来攻击的对方。

你一定也有过这种经验：当正要出言顶撞对方时，对方却只是笑眯眯地听着你的话，这时不知怎么搞的你的气势竟悄然畏缩了。

所以，如果遭遇莫须有的攻击，或不管如何说明对方都不肯理解而情绪趋于激动时，施以笑容正是全身而退的妙招。此后就请尽情微笑吧！

快乐的心情不但使人朝气蓬勃和旷达安适，同时也使人拥有清醒的回应能力。每个人的一生，总会遇上挫折，无论错在自己，或者错在别人，一定要以宽恕之道面对现实。困难总会过去，只要不从怨恨出发，不坠入恶劣情绪的苦海，就不会产生偏见，误入歧途，或一时冲动破坏大局，或抑郁消沉，振作不起来。

做事时心情不愉悦会深刻影响人的精神。日子一长，心情就像五月的梅雨天愁闷不展，有扛不起、招架不住的感觉。凑巧，这时如果碰到一件不顺心的事情，或者做事的工作量突然加大，就容易导致精神崩溃。

苦与乐全在于人的心境，这就是说看人主观上用什么态度对待做事。在困苦的逆境中能把握方向不断奋斗，常常可以感受到内心奋斗的喜悦，这种喜悦才是做事的真正乐趣。如果在得意时骄纵狂妄，往往会为日后种下祸患的根苗，导致痛苦的悲剧发生。做事应抱定随遇而安的态度，事情来了就用心去做好，事情过去之后心情要立刻恢复平静，如此才能保持自己的自然真性不至失去。

一般人很难做到不以物喜，不以己悲，因为人是有七情六欲的，不可能受外界客观环境的干扰而无动于衷，也不可能因受到不公正的待遇而毫无感觉。要在客观外界压迫自己时，能够洒脱点，想开点，看远点。

时刻保持微笑。微笑的魔力是巨大的，一个简单的微笑可以拉近人与人之间的距离，而使我们彼此变得亲切起来。人如果懂得做事的情趣，就可以从一些微小的事情中获得快乐。种竹浇花的情趣，并不次于与知己共游的快乐。万物各有生机，只等我们去细心体会。时刻保持微笑，在我们日常的生活中，我们应该做到这一点。在实际生活中，我们都会更喜欢有亲和力的人，而不是一副冷面孔、拒人于千里之外的人。

卡耐基曾经鼓励成千上万的商人，要求用一个星期的时间，每天除了睡觉时间，都对别人微笑，然后再回去上班，所得的结果与从前则大不相同了。威廉·史坦哈正是好几百人中的典型例子。

"我已经结婚18年多了，"史坦哈说，"之前的一段时间，从我早上起来，到我要上班的时候，我很少对我太太微笑，或对她说上几句话。我是百老汇最闷闷不乐的人。

"现在，我只要去上班，就会对大楼的电梯管理员微笑着说一声'早安'，我用微笑跟大楼门口的警卫打招呼。我对地铁站的出纳小姐微笑，当我跟她换零钱的时候。当我站在交易所时，我对那些以前从没见过我微笑的人微笑。

"我很快就发现，每一个人也对我报以微笑。我以一种愉悦的态度，来对待那些满肚子牢骚的人。我一面听着他们的牢骚，一面微笑着，于是问题就容易解决了。我发现微笑带给我更多的收入，每天都带来更多的钞票。

"我跟另一位经纪人合用一间办公室，我告诉他最近我所学到的做人处世哲学，我很为所得到的结果而高兴。他接着承认说，当我最初跟他共用办公室的时候，他认为我是个非常闷闷不乐的人，直到最近，他才改变了看法。他说当我微笑的时候，很慈祥。

"我也改掉了批评他人的习惯。我现在只赏识和赞美他人，而不蔑视他人。我已经停止谈论我所需要的。我现在试着从别人的观点来看事物，如此真的改变着我的人生。我变成一个完全不同的人，一个更快乐的人，一个更富有的人。在友谊和幸福方面很富有——这些才是真正重要的事情。"

一个不会微笑的人是非常可怕的。

你的笑容能照亮所有看到它的人。对那些整天都皱着眉头、愁容满面的人来说，你的笑容就像穿过乌云的太阳。尤其对那些有压力的人，一个笑容能帮助他们了解一切都是有希望的。

不要吝惜你的微笑。其实只需要你的嘴角稍稍地上扬，只需要你的眼睛里闪烁希望，你就是在微笑了。使用你的微笑吧！为了自己，也为了你周围的每一个人。

聚才何妨低三下四

周文王在渭水边碰到姜尚，交谈后发现这是一个大人才，于是与之同车而返。三国时袁绍的谋士许攸来投奔曹操，曹操连鞋都没穿就跑出帐外去迎接。为了得到关羽这个人才，曹操三日一小宴，五日一大宴，上马一提金，下马一提银，送美女十人，更赠赤兔宝马，封汉寿亭侯，真是费尽心机。

刘备为得到诸葛亮，三顾茅庐，当他第三次去的时候，关羽很是不高兴，张飞干脆说用一根麻绳把诸葛亮捆来算了。刘备呵斥他们说："汝二人岂不闻周文王谒姜子牙之事乎？文王且如此敬贤，汝何太无礼！"三人离茅庐还有半里之遥，刘备便下马步行。来到诸葛亮家里，恰逢诸葛亮正高卧草堂，刘备不让通报，恭恭敬敬在阶前站立了半晌，直到诸葛亮醒来。而刘备正是因为有了诸葛亮，他才能够成就其霸业。

在现代商业社会中，人的才能虽然主要靠加强管理发挥出来，但是情感因素的作用也绝不能小视。

美国著名的固特异汽车轮胎公司的经理肯特，有一次在一家酒馆饮酒，无意中碰了一位喝得酩酊大醉的青年人，惹恼了这位醉汉，他借酒撒疯，对肯特大打出手。

事后，肯特从店主那里了解到，这位青年发明了一种能增加轮胎强度的方法，而且申请到了专利。但他找了好几家生产汽车轮胎的厂商，请求他们购买他的专利，都碰了壁，而且被他们视为异想天开，所以，他感到怀才不遇，整日忧郁不乐，来这里借酒消愁。

肯特得知这些情况后，对这位青年对他的不恭毫不介意，决定聘请他来自己公司做事。

一天早晨，他在青年上班的工厂门口等到了这位青年人，但青年人却心灰意冷，不愿向任何人谈起他的发明之事。他不理肯特，径自进工厂干活去了。但是，肯特却一直在工厂的大门口等。中午，工人下班了，但却不见那位青年的踪影。有人告诉肯特，那青年人干的是计件工作，上下班没有一定的时间。这天，天气很冷，风也很大，但肯特一直不愿离去，只好忍饥受冻，因为他怕就在他离开的那一会儿，那位青年人下班走了。

就这样，肯特从早上8点一直等到下午6点，那位青年人才走出厂门，被肯特深深感动，便爽快地答应了与他合作的要求。原来在吃午饭时，那位青年人出来看到肯特在门口等，便转身回去了。但后来，他知道肯特一天没吃没喝，在寒风中等了10个小时之久，不禁动心了。肯特正是有了这位青年人后，才推出了新的汽车轮胎产品，并使"固特异"这一品牌成为全球汽车轮胎名牌的卓越代表。

克·雷诺是美国硅谷一家小型软件公司的老板，很有远见卓识。他在激烈的竞争中认识到，提高企业的后劲在于人才，企业无法估量的资本是人才，知识可以成为企业的无形财富。

有一次，雷诺看中了一个人，想聘请他担任业务主管。不料一次又一次的人情攻势都无法奏效，甚至托了许多重要人物出面也起不到作用。对方不耐烦地说："先生，全世界大概只有您的妈妈还没有给我打电话了。"没想到第二天，雷诺真的让自己远在以色列的犹太母亲打了电话过来。老太太动情地说："放心好了，我的雷诺可是一个好人，你一定会愿意同他共事的。"这一次对方果然没有招架住，"投诚"来到了雷诺的公司。

不久以后，雷诺又物色到一个可以担任他公司财务主任这个关键职位的人选。然而那个人在一家大公司任要职，待遇优厚，根本不把雷诺的小公司放在眼里。雷诺并没有泄气，在打听到对方的穿鞋尺码后，买了一双"耐克"牌运动鞋摆在那个人的家门口，所留的纸条上写着"just do it"（放手去干）这句著名的"耐克"广告语，对方终于被打动，"跳槽"过来了。

身处当今瞬息万变的信息时代，科学技术应用得越来越快，因此对人才和知识的渴求显得更为迫切。"对于中小企业来说，重要的职位必须争取最棒的人才，"雷诺深有体会地说，"重要职位所提供的既是难得的机会，也是够刺激的挑战。如果企业随便找人，就等于帮了竞争对手一个大忙。"

微软亚洲研究院曾得到比尔·盖茨这样的评价：亚洲顶尖、世界一流。而在微软亚洲研究院掌门人张亚勤看来，其成就不仅在技术领域有若干突破，更有意义的是，在5年内网罗了50名世界一流的研究员和120名国内顶尖人才。

研究院不是等着人才找上门，而是主动寻求。微软的"追随"战略曾被不少媒体喻为人才大战的导火索。

三顾茅庐的典故被微软仿效得淋漓尽致。比尔·盖茨在创立美国微软研究院时，请了许多说客去说服卡内基·梅隆大学的雷斯特教授加入。在历经6个月的"软磨硬泡"后，雷斯特终于为盖茨的真诚所打动。雷斯特加盟微软后，用从盖茨那里学来的耐心，又网罗了一大批计算机界大名鼎鼎的专家，其中包括微软亚洲研究院首任院长李开复博士。

李开复博士受命在中国创建研究院后，也用三顾茅庐之法挖来了包括被业界称为"全世界的财富"的张亚勤在内的一批"聪明人"，构建了当今最令人艳羡的团队。张亚勤也在乐此不疲地执行着追随智慧的战略，他的得意之作是把"深蓝之父"许峰雄博士拉进了自己的队伍。

瑞士有一位研究生研制成功了一支电子笔和一套辅助设备，其性能可以用来修正遥感卫星拍摄的红外照片。在其研制成功之后，立即引起全世界的注意。但是大多数企业也只是采取观望的态度。这时，美国的一个大企业闻讯后马上派人找到那个研究生，并以优厚的待遇为条件，动员他到美国去工作，因为他们发现如果把这位研究生吸收进来，收益将是无穷的。而瑞士其他公司也千方百计地想要留住他，于是希望得到人才的各个企业展开了竞争，最后，还是最先出手的美国企业取得了先机。他们采取的方法简单而有效，将其他企业的加薪乘以5，这样，其他企业就只能望洋兴叹了。那位研究生来到该企业不久，便使企业创利3000万美元。

你肯出高价钱，说明对人才非常重视。人才一方面得了实际好处，另一方面觉得受到了尊重，自然愿意归入麾下。

自降身价偷学艺

一些人，他们深感自己在一些地方还很欠缺，因而不惜自降身价，来学习一些东西，获得一些经验。

维斯卡亚公司是美国20世纪80年代最为著名的机械制造公司，其产品销往全世界，并代表着当今重型机械制造业的最高水平。许多人毕业后到该公司求职遭拒绝，原因很简单，该公司的高技术人员爆满，不再需要各种高技术人才。但是令人垂涎的待遇和足以自豪、炫耀的地位仍然向那些求职者闪烁着诱人的光环。

詹姆斯和许多人的命运一样，在该公司每年一次的用人测试会上被拒绝申请，其实这时的用人测试会已经是徒有虚名了。詹姆斯并没有死心，他发誓一定要进入维斯卡亚重型机械制造公司。于是他采取了一个特殊的策略——假装自己一无所长。

他先找到公司人事部，提出为该公司无偿提供劳动力，请求公司分派给他任何工作，他都不计任何报酬来完成。公司起初觉得这简直不可思议，但考虑到不用任何花销，也用不着操心，于是便分派他去打扫车间里的废铁屑。一年来，詹姆斯勤勤恳恳地重复着这种简单但是劳累的工作。为了糊口，下班后他还要去酒吧打工。这样虽然得到老板及工人们的好感，但是仍然没有一个人提到录用他的问题。

1990年初，公司的许多订单纷纷被退回，理由均是产品质量有问题，为此公司将蒙受巨大的损失。公司董事会为了扭转颓势，紧急召开会议商议如何解决，当会议进行一大半却尚未见眉目时，詹姆斯闯入会议室，提出要直接见总经理。在会上，詹姆斯把对这一问题出现的原因做了令人信服的解释，并且就工程技术上的问题提出了自己的看法，随后拿出了自己对产品的改造设计图。这个设计非常先进，恰到好处地保留了原来机械的优点，同时克服了弊病。总经理及董事会的董事约见到这个编外清洁工如此精明在行，便询问他的背景以及现状。詹姆斯面对公司的最高决策者，将自己的意图和盘托出，经董事会举手表决，詹姆斯当即被聘为公司负责生产技术问题的副总经理。

原来，詹姆斯在做清扫工时，利用清扫工可以到处走动的优势，细心察看了整个公司各部门的生产情况，并一一做了详细记录，发现了所存在的技术性问题并想出了解决办法。为此，他花了近一年的时间搞设计，做了大量的数据统计，为最后一展才华奠定了基础。

许多人认识到自己的不足，有"学艺"心思。但艺却不容易学到，有时不免需要做一些自降身价的事情。这事一般人或不屑，或不愿去做，于是就丧失了机遇。甘愿自降身价的，则往往把握住了一些好机遇。人总有"艺"方面的不足，为学到别人的独门绝技，有时也不妨自降身价去偷学。

五代南唐有位画家叫钟隐，他从小喜欢画画，经名师指点，自己又刻苦练习，年纪不大就成了名。从此，家中的宾客络绎不绝，有求画的，有求教的，有切磋探讨画艺的，当然也有巴结奉承的，好不热闹。要是换了肤浅的人，遇到这种情况一定会自鸣得意，沾沾自喜，可是钟隐对这一切却无动于衷。他每天仍然在书房里潜心作画，除了万不得已，一切应酬的事全让家人代劳。无意之中，连自己的新婚妻子也给冷落了。

钟隐深知自己山水画已经很有功力，但花鸟画还很欠缺。自学一年，不如拜师一天。要想画好，必须有名师指点，免得走歪路，事倍功半。他四处打听哪有擅长画花鸟的名师高手，自己好前去拜师学艺。可是打听了很久，也一无所获，钟隐心中十分烦恼。这一天，他与故人侯良一起喝酒，酒到酣时，二人的话也就多了。钟隐诉说了自己的苦恼，并问侯良是否能给引荐个擅长画花鸟的名师。侯良说："这你可找对人了。我的内兄郭乾晖就很擅长画花鸟画。我妻子说，有一次他画的牡丹，竟把蜜蜂给招来了。不过这个人性格古怪孤僻，别说收学生，就连自己画的画儿也不轻易给人看。更怪的是，他画画还总躲着人，生怕人家把他的技法偷学去。"

钟隐倒觉得郭乾晖这个人很有意思。他如此保守，恐怕必有诀窍。可是怎么才能接近他呢?这倒得费脑筋了。

钟隐是个倔脾气，什么事只要他想做，就一定要千方百计地做成。他四下打听，听说郭乾晖要买个家奴。他想，这倒是个好机会，我不妨扮个家奴，一来可以进郭府，二来可以看到郭乾晖画画。

于是，钟隐打扮成仆人的样子，就到郭府应聘去了。

郭乾晖见钟隐长得非常机灵，就留下了他。

在郭府，钟隐每天端茶递水，打扇侍候，什么杂活儿都干。他毕竟是富家子弟，一切生活起居从来都是由别人照顾的，哪里干过这些粗活?一天下来，累得腰酸腿疼。唯一使他感到安慰的是他看到了一些郭乾晖画的画，那可真是名副其实的上乘之作。

钟隐想尽办法，坚持不离郭乾晖左右，希望能亲眼看见他作画。而每次作画，郭乾晖不是让他去干这，就是让他去干那，想方设法把他打发走。就这样，钟隐虽然卖身为奴，还是没有看到郭乾晖作画。

一连两个月过去了，钟隐还是一无所获。几次他都产生了走的念头，但心中又总是还有一线希望使他留下来。

再说钟隐的家里，钟隐卖身为奴学画的事情谁也没有告诉，连他的妻子也只知道他是出远门，去会朋友。钟隐毕竟是个名人，每日高朋满座。可这些日子，朋友来找他，家人都说他出门了。问去哪儿了，又都说不知道。一次两次，搪塞过去，时间一长，人们就起了疑心。最后连家人也疑心重重，特别是钟夫人，非要把他找回来不可。

一天，郭乾晖外出游逛，听人家说名画家钟隐失踪了两个月了，连家人也不知他去了哪儿。再听人家描述钟隐的岁数和相貌，郭乾晖觉得这个人好像在哪儿见过。细一想，想起来了，跟家里的那个年轻人相像，他也正好来家里两个月。

"怪不得他总想看我作画呢，"郭乾晖恍然大悟，"不过他倒真是个好青年，能带这样的学生，是老师的幸运，我也就后继有人了。"

郭乾晖急急忙忙地跑回家，把钟隐叫到书房里，说道："你的事情我全知道了。为了学画，你不惜屈身为奴，实在使老夫惭愧。我多年来不教学生，自有我的道理，今天遇到你这样虚心好学的青年，我也不能不破例，将来你会前途无量的。"

钟隐终于以执着的求学精神感动了郭乾晖，名正言顺地成了他的学生，郭乾晖把自己多年的体会和技艺毫无保留地传授给了钟隐。

　　钟隐一片痴心，由偷艺成了正大光明地学艺，他收到了丰厚回报。

把丢脸看成是一种磨炼

　　不要害怕丢脸，更不应该躲避在"丢脸"中得到的历练，而应该拿出自己的勇气，勇敢地面对挫折，让自己在"丢脸"当中逐渐走向成熟。

　　当今社会，丢脸已经不再是人们忌讳的事情，甚至还有人发起这样的号召："要热爱丢脸。"不是说人们的思想已经开放到了不顾及道德的地步，而是人们开始能够接受在不断"丢脸"中积累经验，获得进步。

　　别怕犯错误丢脸，因为你犯下的错误越多，学到的知识和得到的经验就越多，你进步的可能性就越大。可是，传统观念里，人们总是为了保住自己的颜面而努力着，甚至有一些人，为了面子问题丢了性命也在所不惜。

　　公元前206年，项羽占据楚魏东部九郡之地，自封为西楚霸王，又违背先入关中者为关中王的前约，改封先入关中的刘邦为汉王，封地有巴蜀和汉中41个县，国都为南关（今陕西南关县东北）。巴蜀之地，是秦朝流放罪犯的偏远荒凉之地，刘邦心中非常不快。

项羽的谋臣范增知道刘邦的不满，也知道他定会东山再起，于是建议项羽找借口杀掉刘邦。

项羽就想把刘邦找来，准备封刘邦为汉中王。他若去，定有储备实力、自封为王之心；若不去，正好可以杀死他。

刘邦听说项羽召见，虽然明知此去凶多吉少，但又不能公然抗命不去，便在心中盘算怎样应对这场智斗。刘邦来到殿前，恭恭敬敬地伏在地上说："拜见霸王千岁！"那谦恭的样子使项羽异常受用，当即放松了警惕，笑着问道："沛公，你先入咸阳，功劳可嘉，我特意加封你为汉中王，代管巴蜀，不知你意下如何？"刘邦听罢，马上意识到项羽暗藏杀机，只要一语有失，便会人头落地。他沉吟片刻，答道："我好比霸王您胯下的一匹坐骑，何去何从全由您做主。"项羽闻听此言，既对刘邦的恭维感到自得，又觉得刘邦的话无懈可击，因此也就没有了杀刘邦的借口，便让刘邦下殿去了。刘邦谢恩退出大殿，急忙回到自己的营地，稍加打点，便率军急匆匆地向巴蜀进发。他决心以巴蜀偏塞之地为依托，招兵买马，养精蓄锐，待力量充实了，再还三秦，谋取天下。项羽闻知刘邦率军已向巴蜀进发，才感到范增所言极是，立即派季布带三千人马前去追赶，然而为时已晚。

刘邦后又拜韩信为大将军，广纳贤才，休兵养士，最终在众贤士的帮助下，使得不可一世的西楚霸王自刎于乌江，统一了天下。

刘邦能放下自己的面子，在项羽面前低头，甚至不惜作践自己，才保住了身家性命，为后来的徐图发展奠定了基础。相比之下，项羽只因一句"无颜见江东父老"，便舍弃了自己的性命，自刎于乌江。可见，真正能成大事业的人是那些能放下自己面子的人。

人的一生，谁又能保证不犯错？谁又能一次脸都不丢呢？如果你想逃避丢脸而一辈子不犯错，那么结果只有一个：当你白发苍苍的时候，你仍然什么都不会，因为你什么都不曾尝试做过。

民谚云：要了脸皮，饿了肚皮。所以，不管做什么事，都不能只顾着"脸皮"。有时害怕丢一次脸，就是白白让出了一条路。所以，不要害怕丢脸，更不应该躲避因"丢脸"而带来的历练，应该拿出自己的勇气，勇敢面对一次又一次的挫折，让自己在一次又一次的"丢脸"当中成长起来。

适当赞美，维护他人的面子

通用电气公司曾面临一项需要慎重处理的工作：免除查尔斯·史坦恩梅兹担任计算部门主管职务。史坦恩梅兹在电器方面是个天才，但担任计算部门主管彻底失败了。然而公司不敢冒犯他，因为他十分敏感。于是他们给了他一个新头衔，让他担任"通用电气公司顾问工程师"——工作还是和以前一样，只是换了一个新头衔，并让其他人担任部门主管。

史坦恩梅兹对新头衔十分满意。通用公司的高级人员也很高兴。他们已温和地调动了这位最暴躁的大牌明星职员，而且这样做并没有引起一场大风暴，这是因为他们巧妙地送给了史坦恩梅兹一个"通用电气公司顾问工程师"的头衔。

世界上没有人不喜欢被赞美，尤其是对于爱面子的人，如果你能一直顺情说好话，那么无疑你会成为人群中最受欢迎的一个。

伊斯曼曾经在曼彻斯特建过一所伊斯曼音乐学校。同时，为了纪念他的母亲，还盖过一所著名戏院。当时，纽约高级座椅公司的总裁亚当森想得到这两座建筑里的大笔座椅订货生意。

亚当森被领进伊斯曼的办公室，伊斯曼正伏案处理一堆文件。过了一会儿，伊斯曼抬起头来，说道："早上好！先生，有事吗？"

亚当森满脸诚意地说："伊斯曼先生，在恭候您时，我一直欣赏着您的办公室，我很羡慕您的办公室，假如我自己能有这样一间办公室，那么即使工作辛劳一点我也不会在乎的。您知道，我从事的业务是房子内部的木建工作，我一生还没有见过比这更漂亮的办公室呢！"

伊斯曼回答说："您提醒我记起了一样差点已经遗忘的东西，这间办公室很漂亮，是吧？当初刚建好的时候我对它也是极为欣赏。可如今，我每来这儿时总是盘算着许多别的事情，有时甚至一连几个星期都顾不上好好看上这房间一眼。"

亚当森走过去，用手来回抚摸着一块镶板，那神情就如同抚摸一件心爱之物："这是用英国的栎木做的，对吗？英国栎木的质感和意大利栎木就是有点不一样。"

伊斯曼答道："不错，这是从英国进口的栎木，是一位专门同细木工打交道的朋友为我挑选的。"

接下来，伊斯曼带亚当森参观了那间房子的每一个角落，他把自己参与设计并监造的部分一一指给亚当森看。

这时候，他们的谈话已进行了两小时了，亚当森轻而易举地获得了那两幢楼的座椅生意。

找到对方的闪光点，并加以美化，这样的谈话总能让人心旷神怡。人们在高兴的时候，自然会顺着你的想法和说法给予一定的支持和鼓励。但是赞美也需要适度，不要过分夸张，让人有不实在的感觉。好话如果说过了头，那么即使再真诚地想要结交对方，也只能让他对我们产生厌烦的感觉。

人在屋檐下，怎能不低头

俗话说："人在屋檐下，不得不低头。"前人洞彻世事人情，看透了人间的冷暖，留给了我们这样深刻的做人道理：只要你在别人的势力范围之内，或者需要依靠别人的力量来发展自己，那你就一定要学会忍耐，学会迁就，绝不能因为一时受了委屈就跟别人大吵大闹，争论其中的是非曲直。

躲在别人的屋檐下，就要学会低头。在别人的势力范围内，我们会受到很多有意无意的排斥和不明就里、不知从何而来的欺压，这些都是不可避免的。

《红楼梦》里的林黛玉，虽然是生活在舅舅家，外祖母又十分疼她，可她还会有"一年三百六十日，风刀霜剑严相逼。明媚鲜妍能几时，一朝漂泊难寻觅"这样的感慨。说到底很多人都会有类似的处境。除非你有自己的一片天空，到哪都有自己的家，不用看别人的脸色过日子。可是你能保证你一辈子都可以如此自由自在，不用在"屋檐"下躲避风雨吗？既然没有办法保证自己的未来，没有能力去开辟属于自己的一片天地，那么我们只能选择低头。

为人处世学会低头，是为了保存自己的力量，以便走更长远的路。低头是处世的一种柔性，是一种高明的生存智慧。

低头的瞬间，成就了自己。学会低头，把我们与外界的对抗降到最小，这样才能保证我们顺利突围。所以，我们主张：不要等到别人来提醒，也不要等到抬起的头撞到了屋檐才因为疼痛而低下头去，只要是在别人的屋檐下，就一定要低头。

第六章

做人淡定从容，做事当仁不让

心非静不能明，性非静不能养

古语云："心非静不能明，性非静不能养，静字功夫大矣哉！"意思是：要认识自己，必须先静下心来，以静思反省来使自己尽善尽美。只有这样，才能明白自己的心性和本质，才能顺着自己的心性，谋求发展。

人生每天都是现场直播，不能重新彩排。一个人很难把握住人生中的许多抉择，因而总是在今日和明朝之间犹豫徘徊。以静观动就是一个积累经验的好办法，只有这样，一个人才能以理性的态度追求更好的生存状态，把命运的主动权紧紧地握在自己手中。

40岁那年，欧文由人事经理被提升为总经理。3年后，他主动"开除"自己，舍弃堂堂"总经理"的头衔，改任没有实权的顾问一职。

正值人生的巅峰阶段，欧文却奋勇地从急流中勇退，他的说法是："我不是退休，而是转进。"

"总经理"3个字对多数人而言，代表着财富、地位，是身份的象征。然而，短短3年的总经理生涯，令欧文感触颇深的却是诸多的"无可奈何"与"不得已而为"。这令欧文很郁闷，也迫使他静下心来，全面地打量自己。

欧文意识到：他的工作确实让自己生活得很光鲜。然而，这些除了让他每天疲于奔命、穷于应付之外，没有给他带来丝毫快乐。这个想法，促使他决定辞职。"要做自己喜欢做的事情，只有这样，我才能更轻松。"他从容地说。

辞职以后，他把应酬减到最低。不当总经理的欧文感觉时间突然多了起来，他把大半的精力用来写作，抒发自己在工作领域多年的体会与心得。

"人只有静下来，从容起来，才会发现自己可以走更好的路。"他笃定地说。

事实上，欧文在写作上很有天分，而且多年的职场生涯使他积累了大量的素材。后来欧文成为某知名杂志的专栏作家，期间还完成了两本管理学著作，欧文迎来了他人生的第二次辉煌。

欧文并没有因眼前的成功而迷失自我，相反，他直面自己内心的渴望，准确地认清了自己，静下心来，发掘自己的潜力，找到了一条更适合自己发展的道路。

可见，内心的平静是人生的珍宝，它和智慧一样珍贵。能够静心，才能够健康、有成就。拥有一颗宁静之心的人，比那些茫然无措的人更能够找到前进的方向，体验生命的真谛。

小林在大学毕业后，走上了艰辛的求职之路。他卖过旧书，打过零工，做过销售，曾经一度迷失了方向，不知道什么工作更适合自己。一转眼，小林已经毕业3年了，还是不知道自已该干些什么。无奈之下，他打算考研，却又不知道该考什么专业。

一次偶然的机会，他参加了区就业局举办的创业培训班。此后，他静下心来，打算利用自己的专长，办一家科技公司，专门从事软件开发。这样，他终于找到了自己的方向，并坚定这个方向不动摇。经过努力，现在小林的公司已经有20多名员工，已接了几十个订单。公司规模逐步扩大，事业蒸蒸日上。

要达成人生的愿望，就要像小林一样沉得住气，静下心来，根据自己的特点，发挥自己的专长和优势，客观地设计未来，这样才能有所成就。

在忙碌的工作、生活之余，我们应该给自己一些独处的时间，静静地反思一下自己的人生。对自身多一些关照和内省，这样有助于我们获得内心的想法。常常静思可以让我们更深入地了解自己的意识和思想。当然，这并不意味着你要因此离群索居。静思并没有时间和地点的要求，散步、购物时，你要做的也只是经常想一想自己在做什么，为了什么，价值何在。这种静思可以让你跳出成堆的文件和应酬，摆脱繁忙工作的困扰，达到身心如一的境界。

行事自如，静界决定境界

静是什么？是泰山崩于前而色不变，是大胸襟、大觉悟，非丝非竹而自恬愉，非烟非茗而自清芬。

现代人的生活大都处于紧张与焦灼的状态，已很难品味到静的清芬，都渐渐浮躁起来，可是浮躁往往不利于事情的发展。因此，与其让浮躁影响我们正常的思维，不如静下心来，默享生活的原味。

《史记·殷本纪》中有一个武丁三年不言的故事。

据记载，"帝武丁即位，思复兴殷，而未得其佐。三年不言，政事决定于冢宰，以观国风"。武丁是盘庚之弟小乙之子，即盘庚之侄。武丁即位之后，思考复兴殷国大计，但并没有得到什么好的方法，于是就决定三年不说话，让冢宰（又称太宰，官名）决定政事，自己走访民间，以观国情。武丁虽三年不语，但凭他的威望和在诸侯国的影响力，凭大家对武丁有勇有谋的了解，谁都不敢有越轨的行为。

武丁的三年不言，全部用来默以思道，观察人事，思考怎样平息王室之争；思考怎样任用贤能，把国家治理好；思考怎样使各诸侯国尽早归顺。三年后，武丁得以实施了他的治国方略。

静能生慧，武丁之所以能够完成自己的兴国大业，就是因为他能够守静。因此，才得以静观人事，运筹帷幄。"静"不仅是智慧之根，也是养身之本。只要我们能够在工作中和生活中经常保持心清静、意清静，智慧即会随时涌现，同时也能够获得身心的平衡。

　　"静"，是一个人取得成功的要诀。一个人只有宁静，才能够把握机遇，获得成功。许海峰是我国第一枚奥运会射击金牌的获得者，他的成功就得益于"静"能力的发挥。

　　1984年7月27日，许海峰参加了第23届奥运会男子自选手枪慢射项目的预赛。他发挥得很好，以563环的好成绩名列榜首，成为自选手枪慢射项目金牌最有力的竞争者。但是他没有被暂时的领先冲昏头脑，而是认真总结了自己在比赛中的不足：刚开始打得太紧张，所以打到后面的时候，手上的力量不够了。和教练交流了对策以后，他才心满意足地回房睡觉。

　　7月29日是奥运会的第一天，许海峰参加的手枪慢射比赛将决出本届奥运会的第一枚金牌。刚开始，许海峰打得很轻松，打完第五组以后，他已经领先了。当他镇定自若地打最后一组的时候，赛场的气氛发生了巨大的变化。本来围在前奥运会自选手枪慢射项目冠军旁边的记者们觉得许海峰能够获得金牌，纷纷走到他的身后为他拍照。说话声、脚步声和按快门的声音严重影响了许海峰的正常发挥，工作人员多次制止他们，可是收效甚微。在嘈杂声中，许海峰竟然连打了两个8环。这下许海峰着急了，心想："不管能不能拿到金牌，我一定要好好发挥，决不让这最后的3枪变成终生的遗憾。"于是，他放下枪，找了一个离记者较远的座位坐下来。他一边闭目养神，一边回想李培林教练给他定下来的"八字方针"：冷静、自主、调整、协调。他觉得自己刚才没发挥好，就是因为嘈杂的环境扰乱了他平静的心情，才直接导致了动作的协调性下降。

怎样才能让赛场恢复安静呢？许海峰想到了一个好办法，只见他走到靶位上，举起了枪，可是人们还没有听到枪响，他就把拿枪的手放下来了。第二次他举起枪又很快放下来，第三次、第四次还是这样。果然如他所料，大家都紧张得说不出话来，整个赛场终于安静了。许海峰很快进入了最佳状态，连打3枪以后，现场记录显示：一个9环，两个10环。历经周折，许海峰终于以566环的成绩，成为手枪慢射项目的冠军。中国人有了自己的奥运冠军、奥运金牌，这一"0"的突破被光荣地载入了史册。

从许海峰的故事中，我们可以看出，比赛中参赛选手不仅要具备高超的技术，敢于拼搏的精神，还需要有内心的沉着冷静。冷静使人清醒，冷静使人聪慧，冷静使人理智。遇事冷静的人，时时刻刻都能控制自己的情绪，绝不会因为任务繁重而急于求成，更不会因为重重压力而浮躁不安。

冷静是一个人成熟的标志。当我们在面对生活中的种种挑战时，一定要保持冷静沉稳的心理状态，学会勇敢地面对，并且要在关键时刻显示出自己的胆略和勇气。浮躁之人无法发挥思考的力量，当然也无法有效地克服困难、解决问题。一个人只有排除杂念，专心致志，将智慧、灵感全部集中调动起来，才能有所创造、有所成就。

　　静能养生，静能通神，静能生慧，静能安心，要想大智大慧，大彻大悟，必须由静做起。宁静是一种气质，一种修养，一种境界。诸葛亮在《诫子书》中写道："夫学须静也，才须学也。非学无以广才，非志无以成学。"《菜根谭》上也有"此身常放在闲处，此心常安在静中"的句子。面对滚滚红尘，竞争激烈的社会，人们常会觉得压力沉重，心境失衡。在繁忙紧张的生活中，如果我们能够让自己静下来，让自己的身心处于一个宁静的环境中，我们的工作和生活就会达到一个新的境界。

常怀平常心，生活就对了

　　"心平常，自非凡"，生活和工作当中，很多人并不是被自己的能力打败，而是败给自己无法掌控的情绪。人生不如意之事十有八九，在现实工作中，在激烈的竞争形势与强烈的成功欲望的双重压力下，许多人往往会出现焦虑、急躁、慌乱、失落、颓废、茫然等情绪，如果这些情绪一齐发作，常常会让人丧失对自身定位的能力，使人变得无所适从，从而严重地影响个人能力的发挥，使自己的工作效能大打折扣，生活也因此变得混乱不堪。古人云："宁静以致远，淡泊以明志。"生活中，只要能够远离浮躁，沉住气，常怀一颗平常心，就能够超越自己，成为一名工作高效、生活幸福的人。

有人问慧海禅师："禅师，你可有什么与众不同的地方吗？"

慧海禅师答道："有！"

"那是什么？"这个人问道。

慧海禅师回答："饿了我就吃饭，累了我就睡觉。"

"每个人都是这样的，有什么区别呢？"这个人不能理解。

慧海禅师说："他们吃饭、睡觉的时候总是想着别的事情，不专心吃饭、睡觉。而我吃饭就是吃饭，睡觉就是睡觉，什么也不想，所以饭吃得香，觉睡得安稳。这就是我与众不同的地方。"

慧海禅师继续说道："世人很难做到一心一用，他们总是在权衡各种利害得失，产生了'种种思量'和'千般妄想'。他们停留不前，这成为他们最大的障碍，他们因此而迷失了自己，丧失了'平常心'。要知道，生命的意义并不是这样，只有将心融入世界，用平常心去感受生命，才能找到生命的真谛。"

在禅师看来，一个人，抛开杂念将功名利禄看穿，将胜负成败看透，将毁誉得失看破，就能达到时时无碍、处处自在的境界，从而进入平常的世界。

所谓平常之心，就是不能只想成功而拒绝失败、害怕失败，要能正确对待成功与失败。成功了，不骄傲自满，不狂妄自大；失败了，也应该平静地接受。失败也是生活中不可缺少的部分，没有失败的生活是不存在的。生活中没有常胜将军，任何一个渴望成功的人，都应该平静地接受生活给予的各种困难、挫折和失败。

随着生活节奏的加快，来自社会各方面的压力、竞争等也越来越多，摆正心态是时下最重要的心理课题，应该说，这时候拥有一颗平常心是必要的，也是难能可贵的。心态就是战斗力，越是艰难越要沉得住气，保持从容不迫的心态。在奥运会上夺得金牌的冠军，接受媒体采访时，说得最多的一句话就是：保持平常心。在工作中更是这样，只有保持平常心，我们才能保证自己高效率地投入到工作和生活之中。

张薇大学毕业后求职受挫，最后终于在一家小公司里谋得一份业务员的工作。尽管这份工作与她名牌大学的学历不符，但她并不计较，因为她懂得：一个人只有让自己的心灵回归到零，保持一颗平常心，学会忍耐，才能在这个社会上立足，才会取得事业的发展。面对刁钻的同事和无理取闹的客户，她时刻提醒自己：我是在学习，我要坚持。她咬紧牙关，忍受着各方面的压力，在一次次的挫折中总结经验、积攒力量。两年后，她凭借出色的业务能力、坚忍的态度和坚韧的品格，成为该公司的业务经理。

生活中，这种不计较得失、不苛求回报的平常心是非常重要的。

面对成功或失败，必须保持一种健康平常的心态。保持一颗平常之心，并不是放弃进取之心、成功之心，而是通过平常之心，使进取之心、成功之心得到升华。保持平常心，实质是让外在的世界和内心保持一种平衡，有了这种平衡，人会少一些焦虑、少一些浮躁，多一分安适、多一分恬静。心似一泓碧水，清澈明亮，继而胸襟为之开阔。而这才是真实而快乐的人生。

想要保持一颗平常心，就要培养自己顺其自然的心态。要让自己的心情彻底放松下来，要沉得住气，不要让欲望牵着你到处奔跑。让脚步随着心态走，让浮躁的心安顿下来，你就会体会到海阔天空。事实上，面对生活，你拥有何种心态，直接关系到你的工作效率和生活质量。多一分平常心，生活中就会多一分从容和洒脱。

慢慢来，别总是马不停蹄地赶路

当今社会，"快"成了大家默认的办事境界，看机器上一件件飞一般传递着的产品，听办公室一族打电话时那种无人能及的语速……休闲的概念已日渐模糊。大家似乎都变成了在"快咒"

控制下的小人儿，似乎连腾出点时间来松口气的空隙都没有。看得见的、看不见的规则约束着我们；有形的、无形的鞭子驱赶着我们，我们马不停蹄地追求事业、爱情、地位、财富，似乎自己慢一拍，就会被这个世界抛弃。

"当我们正在为生活疲于奔命的时候，生活已离我们而去。"英国歌手约翰·列侬的话无疑成了现代人快节奏生活的写照。与此同时，一个困扰我们的问题是：在快节奏的生活里，我们好像一直在马不停蹄地赶路，却也在马不停蹄地错过。

这是为什么呢？

答案其实很简单：因为太急于追求结果了。人生最重要的是过程，只盯着目标和目的，自然会忽略过程当中的美景。

从前有座山，山上有座庙，庙里有个小和尚。这一天，小和尚被派下山去买菜油。出发之前，主管厨房事务的大师兄交给他一个大碗，严肃地叮嘱他说："你一定要小心，绝对不可以把油洒出来。"

小和尚买完油，在上山回庙的路上，他想到大师兄严肃的表情及郑重的告诫，越想越紧张，于是小心翼翼地捧着装满油的碗，丝毫不敢松懈。然而天不遂人愿，快到庙门口的时候，他在上台阶的时候一不留神，洒掉了三分之一的油。

小和尚懊恼至极，自然也挨了大师兄一顿数落。正当他暗自失落的时候，了解真相的师父过来对他说："我再派你去买一次油。这次我要你在回来的路上，多看看沿途的风景，回来要把美景描述给我听。"

小和尚很听话，又下山去买油。回来的路上，小和尚听从师父的建议，观察起沿途的风景，他越看越高兴，因为他此前都不知道，山路上的风景竟然如此美丽：层峦叠嶂的山峰；山下是绿绿葱葱的稻田，忙碌的农夫，玩耍的小孩子；还有鸟语花香，轻风拂面……在美景的陪伴中，小和尚不知不觉就回到庙里了。当小和尚把油交给大师兄时，发现碗里的油装得满满的，一点儿都没有损失。

师父的建议充满了智慧，他让小和尚心态放松，静下心来，找到了工作中失落的美丽。忙碌并快乐着，结果办事的效率反而更高。这就像登山，爬得快的虽然很快就可以登上顶峰，却也错过了沿途美丽的风景。

小和尚的故事也启示我们：工作仅仅是生活的一部分，千万不要忽略了其他乐趣。人生本是一幅美丽的风景画，不必对所有的事情都抱有强烈的目的性。人的一生总有做不完的事情，只要我们有一颗平和之心，就不会错过沿途风景，就不会错过藏在角落里的机会。因为忙碌而忽略了本应该属于自己的生活方式，而太执着于某一个得失，又如何能够掌控自己的人生，又怎能把控周围给予你的机会呢？

古语云：万物静观皆自得，人生宁静方致远。快节奏的生活，需要我们沉住气，慢慢赶路，才能享受生活的美好。

"慢"，是生活和工作之间的一个美丽的平衡点；"慢"，是一种有条不紊、有张有弛的生活节奏。在现代社会的快节奏生活中，慢下来，以平和的心态面对生活中的各种压力和诱惑，也许你会损失金钱，但丰富了生命。生活好像一盏灯，把脚步放慢一些，灯就被点着了，点亮的灯会照亮生活中原本十分平凡的瞬间。而那些太过实际的人，永远只会被生活所累，却看不见生活中最精彩动人的细节。慢下来，细心欣赏一朵花的盛开，沉醉于一阵微风掠过，细品人生百味，感受生活点滴，何其简约和透彻！

也许你会问，在竞争如此激烈的年代，哪儿有资本慢下来啊？其实不然，"慢生活"并非让你放弃自我、无所事事，它与物质的富有程度也没有多大关系，慢生活中的"慢"更多的是一种健康的心态，一种积极的生活态度。对我们普通人来说，每一天都是当"慢人"的好时候，只要您运用得当，做个有品位、有资本的"慢人"绝不是什么难事。

放下欲望和杂念，生命必然充实稳健

做到了宠辱不惊，方能心态平和、心如止水；做到了恬然自得，方能达观进取、笑看风云。我们在当下的生活中对事对物，对功名利禄，若失之不忧，得之不喜，则正是"淡泊以明志，宁静以致远"。

　　很多时候，客观事物的改变只是由于自身心境的变迁，"心中有快乐，所见皆快乐"，若以宁静而无杂念的心去看世界，虽然它并没有变样，你却能享受到那份平淡中的永恒。这时你再回头站在局外看短短几十年的人生，会发现那些凡尘琐事真如过眼云烟般不值一提，有如此豁达的心境为伴，看问题便高人一筹，生活中也会因此而少很多口舌之争、劳神之苦。

　　一个青年苦于现实生活的郁闷、惆怅，情绪非常低落，于是便到庙里走一走。到了寺院，他见寺庙里香客不断，檀香馥郁。再看香客们的脸，一张张都写满坦然、从容和镇定，他有些迷惑：莫非佛门真乃净地，果真能净化众生的心灵？流连寺院中，他见一位在枯树下潜心打坐的佛门老者，那入迷之态使他停下脚步。走近细看，老者那面露慈祥却心纳天下的表情强烈地震撼了他——原来一个人能超然物外地活着是多么美好！

　　他悄然坐在了老者身边，请求老者开示。他向老者谈了他心中的苦痛，然后问："为什么现在纷争不已？"老者拈须而笑，铿锵而悠长地说："我送你一句佛语吧。"老者一字一顿地说道："爱出者爱返，福往者福来！"青年幡然醒悟。听佛门一偈语，胜读十年书啊！

　　爱出者，才能爱返；福往者，方能福来。如果芸芸众生都能明白这个道理，这个世界岂不成了人间净土，又何来那么多的失意、忧烦和痛苦？

诚然，我们无力改变这个世界，但可以改变我们的心境。心境不同，看物与景的感觉就会不同，焦躁疑虑的人看到的是毫无生命光泽的枯草，气定心安的人方可见云卷云舒。"爱出者爱返，福往者福来"便是这样的道理。

一个人在社会中生活，若淡泊名利等身外之物，便可以真正明确自己的志向，若心无旁骛地投入某项你所钟爱的事业中，便可以实现远大的目标。为世俗名利所困扰，就算成功了，得到的也只是物质丰裕的快感，缺少"闲居无事可评论，一炷清香自得闻"的那派悠然。按照诸葛亮所说的，我们若喜欢一件事物，沉下心来好好地投入，研究它、发展它，把功名等泛泛之事都抛之脑后，终有一天，你收获的除了兴趣，还有成功。

拉尔夫是一位国际著名的登山家，他曾经在没有携带氧气设备的情况下，成功地征服了多座高峰，这其中还包括了世界第二高峰——乔戈里峰。其实，许多登山高手都以不带氧气瓶而能登上乔戈里峰为第一目标。但是，几乎所有的登山好手来到海拔6500米处，就无法继续前进了，因为这里的空气变得非常稀薄，几乎令人感到窒息。因此，对登山者来说，想靠自己的体力和意志，独立征服乔戈里峰峰顶，确实是一项极为严峻的考验。

拉尔夫却突破障碍做到了，他在事后举行的记者招待会上，说出了这一段历险的过程。拉尔夫说，在突破海拔6500米的登山过程中，最大的障碍是心里各种翻腾的欲念。在攀爬的过程中，任何一个小小的杂念，都会让人松懈意志，转而渴望呼吸氧气，慢慢地让人失去冲劲与动力，而"缺氧"的念头也会开始产生，最终让人放弃征服的意志，不得不接受失败。

拉尔夫说："想要登上峰顶，首先，你必须学会清除杂念，脑子里杂念愈少，你的需氧量就愈少；你的欲念愈多，你对氧气的需求便会愈多。所以，在空气极度稀薄的情况下，想要登上顶峰，你就必须排除一切欲望和杂念！"

排除一切欲望和杂念，保持身心安定、清净、祥和。身心清净，没有欲望和杂念的干扰，能量的消耗就会降到最低限度。这就是拉尔夫成功的秘密。

可见淡泊、宁静并非陶渊明式的消极避世，反之，这是一种积极的进取，只是前进的途径不一样而已，就像中国的太极功夫，它最大的特点是以静制动、积柔成刚，就是把柔韧的力量积攒到一定的强度，再用此击败对方。而这里说的是，你在行路的过程中，不急功近利，要心态平和，以超然的心境生活，生活才能有条不紊，安然前进。

淡泊是一种心态、一种胸怀，宁静是一种境界、一种品格。大凡真正淡泊宁静之人，皆能摒弃个人得失，能做到此点实属不易，但若是有远大的理想又乐于奉献的人，有宁静与淡泊一路相伴，他的生命必然充实稳健。

提问题，把答案也一起带来

马博把他考察到的情况详细汇报给经理：“我这次下去了解到，这个客户之所以不用我们厂的产品，主要是因为他已经答应从一个乡镇食品公司进货。”

“竟有这样的事！那你怎么看呢？”

“我想是这样的，我们公司的产品应该比乡镇企业的产品有优势，我们的产品不但质量好而且价格还很公道，在该省已经具有了一定的知名度。”

“就是，一个小小的乡镇企业怎么能和我们相比呢？”经理打断了马博的汇报。

“所以说，我们肯定能变不利为有利。最重要的是，当地的客户多年来一直使用我们公司的产品，与我们有很好的合作基础，这是我们的优势所在。但该客户答应与那个乡镇企业订货，主要是因为那个乡镇企业距离他较近，而且可以送货上门。这一点，我们不如那家乡镇企业，但我们可以直接到每个乡镇去走访，在每个乡镇找一个代理商，这样问题就解决了。”

“小马，你想得真周到，不但找到了症结所在，还想出了解决的办法，要是公司里的员工都像你这样有责任心就好了。”

不久，马博被调到了销售科专门从事产品营销，公司的产品销量节节上升，马博也越来越被受到重视，很快成了公司的业务骨干。

无论你从事什么样的工作，你都应该认真地、勇敢地担负起责任。我们在工作中总是会碰到各种各样的问题，这些问题解决起来有时顺利，有时困难重重。比如你也许会觉得有些客户太难伺候、太不讲信用，有时会嫌研发部门没有把产品设计得更有竞争力，有时抱怨老板规定的任务指标太高了……于是，你抱怨个不停，你甚至想放弃，准备换一份工作。

俗话说："天底下没有免费的午餐。"老板任用你就是需要你来解决工作中的问题，假如你遇到一个问题，第一反应就是："哎呀，真难，去问问老板该怎么做。"那么，你的职业生涯就算到头了。因为老板不是雇用你来问他问题的，而是雇用你来帮他解决问题的。

在工作的过程中，不论级别、不分工种，每个人都免不了会遇上许多问题，而解决这些问题、化解这些麻烦就会体现出一个人能力。所以，在自己的工作岗位上，一定要知道如何及时地处理问题，如何正确地解决问题，切记不能把问题都上交。

1880年，乔治·伊斯曼建立了柯达公司。刚开始的时候，公司只是一个拥有几十人的小公司。"如何才能把公司做大"，这是乔治一直思考着的问题。1889年的一天，乔治收到了一个普通工人写给他的建议书。这份建议书的内容不多，字迹看起来也不怎么工整，但却让他眼前一亮。

这个工人的建议书是这样写的："建议把生产部门的玻璃擦干净。"

对于这样的问题，很多管理者都不太可能放在眼里，甚至会认为这个工人小题大做。以前乔治就是这样的，他会认为擦玻璃完全是一件小得不能再小的事情。但这次却不一样，他从这里面看到了其中的意义，看到了公司的发展。他会心地笑了，这正是员工职业精神的体现啊。如果每个人都能像这名员工一样把自己的建议而不是问题带给领导者，那么这对公司的发展将会是多大的一股推动力量啊。于是乔治·伊斯曼立即召开了表彰大会，亲自为这个工人颁发奖金。会后，乔治让相关部门制定了员工建议制度，这项制度一直沿用至今。在过去100多年的时间里，公司员工提出的建议接近200万个，其中被公司采纳的超过60万个，这些建议为公司节约了大量的资金——仅仅1983年和1984年两年，公司因为采纳合理的建议所节约的资金就高达1850万美元。

由此可见，每个人都可以成为促进公司发展的关键力量。如果你能够积极地为公司的发展提出合理化建议，为自己的上司分忧解难，而不是时刻带着满腹的问题去找他们解决，相信你很快就能成为老板眼中的关键员工。

不要忽视自己的力量。每个人都可以使公司有所变化。在IBM（国际商业机器公司）的理念中，人是最重要的因素，无论这个人是管理者、普通员工、顾客，还是竞争对手。IBM要求对所有员工给予足够的尊重。IBM尊重每一个人的想法。在IBM，每个人都可以使公司有所改变，公司的每一个变化、每一个进步，都与个人密切相关。虽然这是一个十分简单的概念，但是却对所有的员工产生了巨大的影响。

要令自己与众不同，要让上司感到你是一位能力出众的员工，就要处处表现出你可以独立处理问题，可以为公司找出解决问题的方案的能力，只有这样才能凸显自己的责任感、主动性和独当一面的卓越素质。

一位管理学家曾经说过："领导并不是问题的解决者，而是问题的给予者。"事实上，你和上司、老板的工作关系就是这样的简单——你去工作，而不是由你去安排上司的工作（把问题推给上司）。所以，在工作的过程中，你应该随时地提醒自己——解决工作上的问题是我分内的职责！

让问题在责任面前止步

美国前总统杜鲁门的桌子上曾摆着这样一个牌子，上面写着：Book of stop here。意思就是：责任到此，不能再推。

杰瑞是公司质检部的负责人，人非常聪明，也很能干，就是有一个缺点——凡事都给自己留好退路。对比较棘手的事情、可能要承担责任的事情，会想办法推给其他部门或自己的上司。他非常善于用与你商量或汇报的语气沟通工作，一旦你有什么意见比较符合他的心愿，他就会去执行；而一旦出现了问题，他便会把责任往你身上推。

一次，市场上的产品出现了质量问题，他检查了一下，因为工艺原料等都没有差错，就觉得是技术问题。技术部门检查后说技术也没问题，他就认为是技术中心不配合。问题不好解决，于是他就把事情搁置起来了。后来质量问题在市场上暴露得越来越严重，并最终造成大批量的退货，给公司造成了巨大的损失。在追究责任时，他还坚持认为是技术中心不配合导致的结果，丝毫没有认识到作为对质量负主要责任的他，应该在这个过程中充当一个什么样的角色。由于他缺乏管理者的基本素质，当场就被老总解雇了。

这个故事向我们证明了"责任到此，不能再推"的重要性。大多数情况下，人们会对那些容易解决的事情负责，而把那些有难度的事情推给别人，这种思维常常会导致我们工作上的失败。一名优秀的员工会主动承担责任而不是将责任推给他人，只有做到这一点，才会有更好的机会，才会有更大的发展空间。

有一个著名的企业家说："有使命意识的职员必须停止把问题推给别人，应该学会运用自己的意志力和责任感，着手行动，处理这些问题，让自己真正承担起自己的责任来。"

1954年7月，周恩来总理出席日内瓦会议。7月21日下午是最后宣言通过的日子，周总理嘱咐当时的新华社记者下午不必去开会了，就在别墅里拿着最后宣言的初稿等通知，每通过一段就交给电台向北京发一段，会议对初稿有什么修改，要即改即发，等全文发完，就大功告成了。

记者听从总理安排，每等来一个电话，就改正一段，然后把原稿用剪刀剪下来送往电台。由于记者的办公桌靠窗，原稿又打在很薄的纸张上，被剪成一段一段的原稿有的被风吹走了，记者没注意，以致发回北京的电文比别的通讯社发的少了好几段。

当发现这个问题时，《人民日报》已经印了24万份。总理知道后，非常生气，并且发了很大的火。可是当记者怀着极其惶恐、等着挨批评的心情赶到时，总理只是淡淡地说："你来了，我气也生过了，火也发过了，不想再说什么了。你到机要室去看看我给中央的电报，然后赶快补救，北京还等着呢。"在向中央亲笔写的电报里，总理一个字也没提到记者，只说他自己"应负失职之责，请中央给予处分"。

问人先问己，责人先责己。周恩来这种责任明确，敢于承担责任，不推诿责任的做法，值得我们每一个职场员工学习。

一个明确自己责任的人，往往具备以下3个特征：

（1）具备一种主动承担责任的精神。

（2）一个拥有责任感的人，会为他所承担的事情付出心血、付出劳动、付出代价，他会为达到一个尽善尽美的目标付出自己的全部努力。

（3）对工作善始善终。当事情出现危机，仍不放弃责任的人，才是真正具有责任感的人；当情况于己不利，仍勇于为事情的结果付出代价的人，才是真正不可替代的人。

责任到此，不能再推。对责任的推卸，只能是对公司或者对自己的一种伤害。坚守责任，则是守住生命中最高的价值，守住人性的伟大和光辉。

第七章

做人当静以修身，做事要雷厉风行

行事之前须三思

常言道：三思而后行。因为客观事物非常复杂，不经过认真观察、思考是难以得出正确结论的。

某公司财务部新调来一位主管，据说是个管理高手，专门被派来整顿业务。

那段时间，部门里员工都变得极为勤奋和循规蹈矩。可是，日子一天天过去了，新主管却毫无作为，每天无声无息地走进办公室后，便躲在里面极少出门。于是大家私下里开始议论纷纷，都认为他比以前的主管更容易对付，根本不是个能人。

3个月过去了，正当大家又恢复老样子时，新主管却发威了，他对整个部门来了一次"大手术"——能者上、庸者下，下手之快，识人之准，简直就像换了一个人。

聚餐时，新主管酒后致辞，给大家讲了一个故事："我有一位朋友，买了栋带着大院的房子，他一搬进去，就对院子进行全面整顿，杂草杂树一律铲除，改种自己新买的花卉。一天，原先的房主回访，进门后大吃一惊，问他把那棵名贵的牡丹移植到哪里去了。我这位朋友这才知道他居然把牡丹当杂树给铲除了。

后来他又买了一栋房子，虽然院子更加杂乱，他却按兵不动，果然在冬天时以为是杂树的植物在春天里开了花；以为是野草的植物在夏天却一片锦簇；半年都没有动静的小树，在秋天居然红了叶。直到暮秋，他才认清哪些是无用的植物而予以铲除。这样做使得所有珍贵的草木都得以保存。"

喝了一口水，主管举起杯接着说："如果我们这个部门是个花园，你们就是其间的珍木，珍木不可能一年到头都开花结果，只有经过长期的观察才认得出啊！"

聪明人都喜欢行险招，结果往往是聪明反被聪明误。美国前参议员加利·赫特的事例就为我们敲响了警钟。

赫特曾被《纽约时报》誉为"当代美国政界最有智慧的人"之一。1987年初，他竞选民主党候选人，胜算极大。当时有传言说他有婚外情，于是他傲慢地向新闻记者挑战："跟踪我吧。"那些记者真的去跟踪他了，结果发现他和当时著名的模特儿当娜·莱斯在一起。小报刊出了赫特在游艇"胡闹"号上把莱斯抱在怀里的照片后，赫特想成为总统的美梦随即破碎了。这主要是因为他做事不顾后果。

可见，做事不计后果，最终只会吃苦果。一个真正的聪明人要想不犯这样的错误，做事一定要三思而后行。

三思而行对创业尤其重要。因为创业必须投入心智、金钱和人力，如果不好好思考，很容易失败，想不开的人会因此被击垮。所以，创业之前一定要三思。

1. 我能吗

这个问题只是要知道你是否有足够的知识及技术来成功创业。你现在该做的，是确定创业所需的知识及技术。此时，仔细分析是十分重要的。

不管创业条件或个人背景如何，财务管理都是不可忽略的。你个人的理财经验可能仅包括财务资料的整理及分析，但创业所需的则是懂得在资金短缺时跟银行打交道。

此外，你可能认为业务管理是做好市场调查、确定年度目标、编制全国销售计划，或是实行某项业绩报酬计划。但是，对一般小公司而言，业务管理却可能是要你亲自跟着业务员跑几趟，以便了解市场的需求及业务员的需要。也就是说，在人事精简的小公司里，你也许就得扮演跑业务的角色。

同样地，如果你从事制造业，你就要能够拟定出一套产能计划，而在经营之中你也需仰赖事业工程师的协助。

必须认识到：第一，大部分的公司主管人员都只专精一两项事务，而一般创业者则需要熟悉各项基本的事务；第二，有经验想到独立创业的公司主管常是有下属代劳处理琐碎工作的资深人员。但是在小型企业里，身为经理的老板往往是要事必躬亲，总揽处理客户信用调查、公平分配员工周末上班时间等大大小小的事务。

所以，你一定要有全盘了解经营一个企业所需的本事。当然，你不一定要十八般武艺样样精通，你可以慢慢学习，也可以请人代劳。不过，假他人之手的结果你也得注意，因为成本可能会相对提高，而且落得日后要一直依赖他人的地步。

2. 我会喜欢吗

在创业过程中，一个不可忽略的事实是，创业者本身的角色扮演比经营能力足够与否更值得深思，因为成就感与快乐有时是跟办事能力无关的。以下9项因素可能会影响你对自己所拥有企业喜欢的程度。

（1）你需要赚多少钱。

（2）你想要赚多少钱。

（3）地点。

（4）风险。

（5）成长潜力。

（6）同业竞争。

（7）工作环境。

（8）地位与形象。

（9）管理人事问题的能力。

这9项因素中，也许有一两项或全部都对你非常重要，但最后3项是特别值得一提的。

乍看之下，工作环境似乎是想当老板的人所该牺牲的。可是，一旦初始的新鲜感及兴奋热度逐渐退烧，你可能就会有另一番感受了。刚开始，你那又小又寒酸的开放式办公室好像有几分独特的可爱之处。但久而久之，你可能就觉得自己怎么连个隐私权都没有。为了开源节流，你每次出差旅行总是挑最划算的饭店，想起当初在公司上班出差时的派头，便不由得怒从中来。还有一个大家都注意到的问题，就是工作时间。有些老板常自我调侃地说："我一天只工作半天——从早上7点到晚上7点而已。"头几个星期或几个月，新官上任的拼命精神或许会让人忘却工作的繁重，可是激情的冲动之后，你可能会直呼吃不消。

不管你喜欢与否，我们的地位与形象是视所从事的工作而定。有些时候，在一般公司上班确实能享有一些象征身份地位的东西，例如，俱乐部的会员身份等。今天，如果你自己是老板，你就得为自己开创出自己的地位与形象。但不幸的是，自营老板的身份往往没有大公司人员的身份吃得开。

人事管理能力的重要性是最容易被低估的。有些地方或有些行业是要费很大的劲才雇得到人的，而就算雇请员工不是问题，小企业里的人事管理也够让你精疲力竭的。在一般公司上过班的人，一时可能还无法习惯次数这么频繁的面对面沟通，甚至是冲突。最后，人事管理之费时费力，常会让你觉得这是企业经营的绊脚石。可是不管怎样，人事管理永远都是企业经营中重要的、避免不了的一环。

3. 我该这样做吗

无论你从事哪一个行业，现在所要探讨的是每个创业者都要面对的。

孤独感是个很直接的问题。在公司里上班或许有很多缺点，但这样的团体工作却能提供你一些精神上及生理上的支柱。公司中的组织架构通常能让员工享有彼此回馈及鼓励的好处，但是独立创业者却得不到这样的待遇。身为老板的孤独感有时会让人想得太多，而无法以平常心看待成败。这时，坚强的自信心与强烈的自我认知是不可或缺的。

如影随形的工作渗透性是创业过程较不被注意的。简单地说，身为创业人，事业对你生活的影响可能是无孔不入的。在外谋职可能会让你的生活区格式化，将工作及私人、家庭生活分隔开来；而当老板要付出的时间与心思，则会侵入你拥有的分分秒秒。毕竟，你是一天24小时都负有当老板的责任。

在事业上，在团队中，慎思尤其必不可少。社会复杂，要求我们不得不把具体行为放在慎思之后。

（1）了解你的职权界限以便做决策工作。假如你不太确定的话，要去问你的上级经理，请他就你的权限范围做一番确认。

例如，你有权给客户折扣或是同意退费吗？假如有，最高的限度是多少？你可以聘用人员或辞退员工吗？

（2）不要把你所列的那些不同做法，都看成是互相抵触的，事实上它们很少会有那么截然不同的分别。最好的做法也许是采用折中的方式。例如，假使你手下两个最得力的业务人员都想要担任公司的代表，这时你何不干脆把他们两个人都派出去，给你的顾客一个最深刻的印象呢？

（3）在做决定时，要尽可能地收集各有关资料。决策的制定是根据事实而不是你个人一时的情绪好恶。

（4）往后退一步，把问题进行一番审慎的思考。唯有正确的决策才能解决问题。

不同的人有不同的才能，有些人擅长数字，有些人擅长文字，有些人则对史哲有天分。在进行决策以前，要把你小组工作人员的才能派上用场。

（5）干着急并不能解决问题。把事情从头到尾想一想，如果需要找别人帮忙，不要很勉强。

总之，三思而行是我们做事必须要采取的方式。磨刀非但不会误了砍柴工，而且会大大加快砍柴效率。

勤奋是成功的秘诀

《聊斋志异》中讲了一个崂山道士的故事。说一个年轻人王生，从小就倾慕道术。后来他听说崂山上有得道的仙人，就背上行囊赶去学道。

王生来到一座道士庙，在清幽寂静的庙宇中，一位老道正在蒲团上打坐。只见这位老道满头白发垂挂到衣领处，精神清爽豪迈，气度不凡。王生连忙上前磕头行礼，并且和他交谈起来，交谈中。王生觉得老道讲的道理深奥奇妙，便一定要拜他为师。道士说："只怕你娇生惯养，性情懒惰，不能吃苦。"王生连忙说："我能吃苦。"老道的弟子很多，傍晚时他们都回到庙里，王生一个一个都见过后，便留在了庙中。第二天，王生拿着老道交给自己的斧头在师父的吩咐下随众人上山砍柴。

过了一个多月，王生的手和脚都磨出了很厚的茧子，他忍受不了这种艰苦的生活，暗暗产生了回家的念头。

终于，又过了一个月后，王生吃不消了，可是老道却不向他传授任何道术。他等不下去了，便去向老道告辞说："弟子从好几百里外的地方前来投拜您，我这一片苦心不指望学到什么长生不老的仙术，但您不能传些一般的技艺给我吗？现在已经过去两三个月了，每天不过是早出晚归在山里砍柴，我在家里，从来没吃过这样的苦。"老道听了大笑说："我开始就说你不能吃苦，现在果然如此，明天早上就送你走。"

王生听老道这样说，只好恳求说："弟子在这里辛苦劳作了这么多天，只求师父教我一些小法术也不枉我此行了。"老道问："你想学什么法术呢？"王生说："平时常见师父不论走到哪儿，墙壁都不能阻隔，如果学到这个法术就满足了。"

老道笑着答应了他，并领他来到一面墙前，向他传授了秘诀，然后让他自己念完秘诀后，喊声"进去"，就可以过去了。王生对着墙壁，不敢走过去。老道说："试试看。"王生只好慢慢走过去，到墙壁时被挡住了。老道指点说："要低头猛冲过去，不要犹豫。"他照老道的话再向前冲到墙壁处，真的未受阻碍，睁眼时已在墙外了。王生高兴极了，又穿墙而回，向老道致谢。老道告诫他："回去以后，要好好修身养性，否则法术就不灵验了。"说完，送他一些路费，就让他回去了。

王生回到家，用穿墙术进了家门。妻子很惊讶，他就把来龙去脉跟妻子说了，又表演了一番，妻子也很高兴。但时间一长，他把老道的嘱咐忘了，正碰上手头拮据，就想用穿墙术捞点钱花花。他来到一个大户人家的围墙外，念完口诀低头猛冲过去，结果一头撞在墙壁上，顿时眼冒金星，头上肿起鸡蛋大的包。从此以后，他的穿墙术就再也不灵验了。

没有付出，就不会有回报。这是每个人都懂得的道理。如果春天的时候没有耕耘的辛苦，那么秋天的时候就不会有丰收的喜悦。做人如此，做事也如此。如果要成功，你就要为成功做好准备，不断地努力，不停地前进，直达成功的目标。

不管是穷人家还是豪富家的孩子，终究是会有个工作的。面对工作，有的人辛勤以对，有的人懒散以应。这两种态度的结果自然是截然不同的。

一位智者说过："一个人的身心就像磨盘一样，如果把麦子放进去，它会把麦子磨成面粉；如果你不把麦子放进去，磨盘虽然也在照常运转，却不可能磨出面粉来。"

只有辛勤的劳动才会创造出美好的未来。

辛勤的劳动是成功的阶梯，是成功的动力。20世纪80年代的一首歌的歌词："幸福在哪里？朋友我告诉你，它不在柳荫下，也不在温室里，它在辛勤的工作中，它在艰苦的劳动里。啊！幸福，就在你晶莹汗水里……"

天下没有免费的午餐。个人奋发向上的辛勤实干是取得杰出成就所必须付出的代价，任何杰出成就都必然与好逸恶劳无缘。正是辛勤的双手才使得人们富裕起来。事实上，任何事业的成功都只能通过辛勤的实干才能取得。没有辛勤的汗水，就不会有成功的喜悦与幸福。

真正的幸福绝不会光顾精神萎靡、四体不勤的人，幸福只能在辛勤的劳动和晶莹的汗水中产生。

在俄国的统治者中关于彼得大帝的传说非常多，他是通过艰苦努力才得到王位的。他经常脱下宫廷服装穿上工作服，去访问民间疾苦。他看到俄国的人们还不能了解西欧的文明，感到痛心疾首，决心进行自我教育来提高国民素质。20岁的时候，他开始周游列国，他并不是游山玩水，而是向这些国家的优秀人才学习。他在荷兰的时候，自愿当一位造船师的学徒；在英国的时候，就去造纸厂、磨坊、制表厂和其他工厂工作。他不仅细心地揣摩学习，而且像普通工人一样干活、拿工资。

他在伊斯提亚铸铁厂的时候，专门花一个月的时间来学习冶炼金属，最后一天他铸造了18普特的铁，并把自己的名字铸在上面。他问工头穆勒，普通铁匠铸一普特铁可以得到多少报酬。"3个戈比。"穆勒说。但是工头付给彼得大帝18个金币。彼得大帝却说："你的金币自己留着吧，我并没有比普通工人做更多的事，你给别人多少，就给我多少吧！我只想买一双鞋，我的鞋实在不能穿了，我要用自己的汗水来换得等价的物质。"

现在在穆勒的伊斯提亚铸铁厂陈列着一根彼得大帝铸造的铁棒，上面还刻有他的名字。另外一根保存在匹兹堡的国家珍奇博物馆，作为对亲自参加工作的这位伟大国王的纪念。每个俄国人都懂得了一个深刻的道理：国家要永久地繁荣富强，无论是农民还是皇帝，都要辛勤工作。

辛勤劳动是生存的需要，也是生命的意义所在。劳动的人充实、自信，时常能感到所谓"幸福的疲倦"。懒惰的人失落、萎靡，即使衣食无忧也不能感到幸福。

格莱斯顿先生在他年事已高的时候向人们讲述了他的成功秘密，他说："我在工作中得到了最大的乐趣，并养成了勤奋工作的习惯。年轻人总觉得休息就是终止所有努力，但我却有新的发现，最好的休息是可以改变工作的一种方式。如果长时间看书、思考，把脑子弄得昏沉沉的，那就到空气新鲜的室外呼吸一下新鲜空气；锻炼一下身体，让思维尽快地得到恢复。要知道，自然的努力是无止境的，在我们睡觉的时候，心脏也不会停止跳动。只要大自然伟大的活动有一刻停止，我们人类就会死去。我尽量在工作的时候也模仿大自然的方式，顺应自然规律。我所获得的回报就是健康的消化功能、良好的睡眠、身体的各个器官保持在最好状态。这就是我要留给你们的成功的秘密。"

修身才能齐家治国平天下

中国古代士人特别强调修身。荀子在两千多年前就明确提出："君子博学而日参省乎己，则知明而行无过矣。"到了宋代，更是有人提出"修身、齐家、治国、平天下"，把修身放到了一个基础地位，即先有高尚的品行，然后在事业上才能获得最终的成功。

青年人要成大事，就要做到诚挚待人、光明坦荡、宽人严己、严守信义。只有这样，才能赢得他人的信赖和支持，从而为事业的发展打下良好的基础。

人的品格、德行就是"德"，自古"才"与"德"并重。形容一个人最好的词语就是"德才兼备"。

一个品行不端的人很难结识真正的朋友，获得长久的事业成功。这样的人很难有人能与之长期合作，因为这种人不是搞一锤子买卖，就是过河拆桥；这种人在家庭中，也会做出不道德的事情，极有可能给配偶和孩子带来痛苦和不幸；他们甚至可能因为某种利益的驱动，铤而走险而落入法网……

要走向成功，需要以德立身，这是一个成功者必须确立的内在标准，没有这个内在标准，人生之路就会失去支撑，最终导致失败。

我们修身的目的，是以德立身，把事业做成功。

以德立身贯穿于每个人的人生的全过程，是一个人做人最根本的原则。在人生的不同阶段，道德对人的要求虽有着不同的变化，每个人体验和经历的事情也不一样，但是，"以德立身"的做人原则是不变的。

修身本身要求我们做到的是"严于律己，宽以待人"。

假如刘邦没有宽广的胸怀，也许他将一事无成。相反，项羽的本事很大，万人不敌，自称"力拔山兮气盖世"，但他有一谋士范增却不用，气量狭小，只能"无颜过江东"，自刎于乌江。

富兰克林是美国资产阶级革命时期的民主主义者、著名科学家，一生受到了人们的爱戴和尊敬。但是，富兰克林早年的性格非常乖戾，无法与人合作，做事经常碰壁。

富兰克林在失败中总结经验，为自己制定了13条行为规范，并严格地执行，他很快为自己铺就了一条通向成功的道路。

（1）节制：食不过饱，饮不过量，不因为饮酒而误事。

（2）缄默：讲话要利人利己，避免浪费时间的琐碎闲谈。

（3）秩序：把所有的日常用品都整理得井井有条，把每天需要做的事排出时间表，办公桌上永远都不零乱。

（4）决断：决心履行你要做的事，就必须准确无误地履行你所下定的决心，无论什么情况都不要改变初衷。

（5）节约：除非是对别人或是对自己有什么特殊的好处，否则不要乱花钱，不要养成浪费的习惯。

（6）勤奋：不要荒废时间，永远做有意义的事情，拒绝去做那些没有多大实际意义的事情，对于自己的人生目标永不间断。

（7）真诚：不做虚伪欺诈的事情，做事要以诚挚、正义为出发点，如果你要发表见解，必须有根有据。

（8）正义：不做任何伤害或者忽略别人利益的事。

（9）中庸：避免极端的态度，克制对别人的怨恨情绪，尤其要克制冲动。

（10）清洁：不能忍受身体、衣服或住宅的不清洁。

（11）镇静：遇事不要慌乱，不管是普通的琐碎小事还是不可避免的偶然事件。

（12）贞洁：要清心寡欲，如果不是有益于身体健康或者是为了传宗接代，尽量少行房事。绝不做任何干扰自己或别人安静生活的事，也不要做任何有损于自己和别人名誉的事情。

（13）谦逊：要向耶稣和苏格拉底学习。

荀子说过："人，力不若牛，走不若马，而牛马为用，何也？人能群，彼不能群也。"能够合作是荀子认为人之所以能主宰世界的根本原因。因为社会是人和人之间各种关系的组合，孤立的个人是不可能存在的，也做不成任何事。人能移山填海，创造出许多伟大业绩，都是人能"群"的结果。而其基础就是用心去修身，做一个有道德的人。

良好的性格成就辉煌人生

"妥善调整过的自己，比世上任何君王都更加尊贵。"因为良好的性格是我们一生的财富。

良好的性格是我们本身所具有的财富，让我们在错综复杂的人际关系中表现得游刃有余；良好的性格是我们内在散发的魅力，让我们在坎坷的成功路上战无不胜。

公元前5世纪初，雅典西南的洛里安姆银矿场开采出一条价值连城的优质银矿脉，而且在极短的时间之内，这个新矿层就产出了好几吨纯银。

正因为有了这个在洛里安姆矿场意外发现的"世界宝藏金银之泉"，雅典才一跃成为地中海东部的海上霸主和希腊的"领袖"。不久，雅典还成为古典时期知识荟萃、艺术生辉的中心。一个宝藏的开掘改变了雅典的历史，铸就了西方文明的辉煌。

发现一个矿藏，可以改变一个国家的命运；挖掘出良好的性格，可以改变一个人的一生。自然界有宝藏发掘的奇迹，人本身也有内在的宝藏——良好的性格。

曾国藩是成功开发良好性格宝藏的典型代表，他的一生成就也得益于其方圆得体的性格。良好的性格使他处江湖之远，备解民心；居庙堂之高，深得君意。

曾国藩是从镇压太平天国起家的。清王朝的统治高层在对曾国藩大加启用的同时，也对曾国藩怀有防范之心。事实上，满清王朝的半壁江山已经掌握在他的手中。曾国藩心里很明白，如何处理好同清政府的关系，是自己今后命运的关键。于是，曾国藩开始了他性格转变的历程。

就这样，倔强刚猛的曾国藩一变而成为温厚宽容的圣相，位列三公，权倾当朝，得到了一个汉族官吏史前未有的名利和权势。

曾国藩曾经写过一副对联：养活一团春意思，撑起两根穷骨头。也正是这种刚柔相济的良好性格，使他在朝野之上、在天地之间游刃有余。

良好的性格必然能给人带来人生的辉煌。杰出的女作家冰心，一生淡泊名利，生活上崇尚简朴，不奢求过高的物质享受。文坛上所谓的斗争，与她无关，她在平和的环境中与人相处，在微笑中勤奋写作。她的健康长寿、辉煌事业都得益于开朗、豁达的性格。苏格拉底是一位具有良好性格的伟大哲人，他的妻子心胸狭窄，整天唠叨不休，动辄破口骂人。一次，她大发雷霆后，又向苏格拉底头上泼了一盆冷水，苏格拉底满不在乎地说："雷鸣之后，免不了一场大雨。"试想，要是遇上别人，不被这位恶妇气死，也会患上精神分裂症。苏格拉底为什么要娶这样的恶婆？据说，他是为了净化自己的精神，磨炼自己豁达大度的性格。

人的性格很难改变，但易受后天环境的影响。居里夫人说："我并非生来就是一个性情温和的人。许多像我一样敏感的人，甚至受了一言半语的苛责，也会过分地懊恼。"她说，她受丈夫居里温和性格的影响，也学会了忍让。她确信，一个具有良好性格的丈夫会在不知不觉中影响和提高妻子的心灵品性。据居里夫人自己介绍，她还从日常种种琐事，如栽花、种树、建筑、朗诵诗歌、眺望星辰中，培养出一种沉静的性格。我国赫赫有名的民族英雄林则徐为了改掉自己急躁的性格和容易发怒的脾气，曾在书房醒目处挂起自己亲笔书写的"制怒"的横匾，以此自警自戒。

深受美国人尊敬的本杰明·富兰克林不仅对美国的独立战争和科学发明有过重大的贡献，他还有很强的自我意识能力和良好的性格，给后人树立了光辉的榜样。有人曾批评富兰克林骄傲，他认真反思后，给自己立下了一条规矩：绝不正面反对别人的意见，也不准自己武断行事。他还给自己提出了改正的具体要求。他说："今后我不准许自己在文字或语言上措辞太肯定，我不说'当然''无'等，而改用'我想''我假设'或'我想象'。当别人陈述一件我不以为然的事时，我绝不立刻驳斥他，或立即指正他的错误，我听完陈述后会在回答的时候说，'你的意见没有错，但在目前情况下，还需要再斟酌。'"富兰克林就是用这种方法克服自己性格中的缺陷，这也正是他成功的一个秘诀。

美好的人生，需要有良好的性格。人生的许多不如意都与性格息息相关。人虽然不能控制先天的遗传因素，但有能力掌握和改变自己的性格。拥有良好的性格是一笔巨大的财富。

不拘小节方能成大事

孔子曾说过："巧言乱德，小不忍则乱大谋。"（出自《论语·卫灵公》）这句话主要是说个人的修养。巧言的内涵，也可以说包括了吹牛，说空话。巧言当然是很好听的，每个人都能听得进去，听的人中了毒、上了圈套还不知道，这种巧言最容易搅乱正规的道德。"小不忍则乱大谋"有两个意义，一个是人要忍耐，凡事要包容一点，如果一点小事不能容忍，脾气一来，就会坏了大事。许多大事失败，常常都是由于小处搞坏的。另一个意思就是说，有所为有所不为，做大事的人要能在一些小事小节上放任退让，若是事无大小，一一究问计较，那么这个人是很难做成事的。

在这里，孔子所说的小不忍则乱大谋，归结起来其实就是告诉我们做人要不拘小节，什么该做什么不该做，自己心中要有一个先存的决断，切不可在小事上犯糊涂，反而误了自己的大事。历史上，懂得这一道理的人有很多，能忍小忿终成大事的例子不在少数。但是与此相伴的，因为不懂得掌握分寸，不知道什么时候该做什么事，不该做什么事，而因此坏了大局者也不乏其人。楚汉之争便是典型的一个例子。楚汉战争之前，高阳人郦食其拜见刘邦，献计献策，一进门看见刘邦坐在床边洗脚，便不高兴地说："假如您要消灭无道暴君，就不应该坐着接见长者。"刘邦听了不但没有勃然大怒，反而赶忙起身，整装致歉，请郦食其坐上座，虚心求教。

与刘邦容忍的态度相反，项羽则常常刚愎自用、自以为是。一个有识之士建议项羽在关中建都以成霸业，项羽不听。那人出来发牢骚："人们说，楚人是'沐猴而冠'。果然！"结果项羽知道了，大怒，立即将那人杀掉；楚军进攻咸阳时到了新安，只因投降的秦军有议论，项羽就起了杀心，一夜之间把十多万秦兵全部活埋，因此以残暴名闻天下。他怨恨田荣，因此不封他，而立齐相田都为王，致使田荣反叛。他甚至连身边最忠实的范增也怀疑不用，结果错过了鸿门宴杀刘邦的机会，最后气走了范增，成了孤家寡人。

当初刘邦军进咸阳时，也曾被富丽堂皇的阿房宫和美如天仙的宫女弄得眼花缭乱，有些迈不动步了。但在部下樊哙"沛公要打天下还是要当富翁"的提醒下，立时醒悟，忍住贪图享乐的念头，封了仓库和宫殿。带将士们回到灞上的军营里，并约法三章，对百姓秋毫无犯。这就使他赢得了民心，得到了民众的支持。

而项羽一进咸阳，就杀了秦王子婴，烧了阿房宫，收取了秦宫里的金银财宝，掳取宫娥美女，据为己有，并带回关东。两相对比，谁能得人心就已很明显了。楚汉战争前，刘邦的实力远不如项羽，当项羽听说刘邦已先入关，怒火冲天，决心要将刘邦的兵力消灭。当时项羽40万兵马驻扎在鸿门，刘邦10万兵马驻扎在灞上，双方只相隔40里，刘邦危在旦夕。在这种情况下，刘邦能做到"得时则行，失时则蟠"。先是请张良陪同去见项羽的叔叔项伯，再三表白自己没有反对项羽称王的意思，并与之结成儿女亲家，请项伯在项羽面前说句好话。第二天一清早，又带着张良、樊哙和一百多个随从，拿着礼物到鸿门去拜见项羽，低声下气地赔礼道歉，化解了项羽的怒气，缓和了与项羽的关系。表面上看，刘邦忍气吞声，项羽挣足了面子，实际上刘邦以小忍换来自己和军队的安全，赢得了发展队伍和壮大实力的时间。相比之下，项羽则能伸不能屈，赢得起而输不起，所以连连中计，最后兵败落得个自刎乌江的结局。楚汉相争，刘邦以弱得天下，忍小事而成大业，这种经验是很值得后人思考并加以借鉴的。孟子说

"动心忍性，曾益其所不能"，也是这个道理。

时至今日，无论是创业的征程，还是人生的旅途，有时会存在着诱人的小利，有时会遇到一些枝节纠缠，有时又会遭受暂时的挫折和失败。倘若被微利迷惑，纠缠于细节、琐事，而忘记大目标，或者因为一时的挫折而动摇奔向大目标的信心，则十有八九要失败，败就败在"小不忍则乱大谋"。

第八章

做人当宠辱不惊，做事需百忍成金

宠辱不惊，平平淡淡才是真

宠辱不惊，用一颗平常心去对待、解析生活，就能领悟到生活的真谛，就能体悟到平平淡淡才是真。

在生活中，有的人却不是这样，他们稍微做出了点成绩，出了点名之后，便沾沾自喜起来，自以为功成名就了，就可以天天吃老本了，从此便失去了新的奋斗目标。这种做法是不足取的。鲁迅说："'自卑'固然不好，'自负'也是不好的，容易停滞。我想顶好是不要自馁，总是干；但也不可自满，仍旧总是用功。"

《菜根谭》上说："此身常放在闲处，荣辱得失谁能差遣我；此身常在静中，是非利害谁能瞒昧我。"意思是说，经常把自己的身心放在安闲的环境中，世间所有的荣华富贵和成败得失都无法左右我，经常把自己的身心放在安宁的环境中，人间的功名利禄和是是非非就不能欺骗蒙蔽我了。

在生活中随遇而安，纵然身处逆境，仍从容自若，以超然的心情看待苦乐年华，以平常的心情面对一切宠辱。非淡泊无以明志，非宁静无以致远。不虚饰，不做作，襟怀豁然，洒脱适意的平常心态不仅使你拥有一双潇洒和洞穿世事的眼睛，同时也使你拥有一个坦然充实的人生。

在社会竞争日益激烈的今天，有一种平和的心态，对身体的健康和事业的成败都是至关重要的。当然，平常心是一种经历失败与挫折，不断奋斗努力，才能历练出的人生境界。它不为一切浮华沉沦，不为世间虚荣所诱。

时光荏苒，人生短暂。要快乐地品尝人生的盛宴，需要每个人拥有一份宠辱不惊、不卑不亢的平常心态。即使身份卑微，也不必愁眉苦脸，要快乐地抬起头，尽情地享受阳光；即使没有骄人的学历，也不必怨天尤人，而要保持一种积极拼搏的人生态度；当我们出入豪华场所，用不着为自己过时的衣着而羞愧；遇见大款老板、高官名人，不妨礼貌地与他们点头微笑。我们用不着羡慕别人美丽的光环，只要我们拥有一份平和的心态，尽自己所能，选择自己的人生目标，勇敢地面对人生的各种挑战，无愧于社会、无愧于他人、无愧于自己，那么，我们的心灵圣地就一定会阳光灿烂，鲜花盛开。

宠辱不惊，是一种处世智慧，更是一门生活艺术。人生在世，生活中有毁有誉，有荣有辱，这是人生的寻常际遇，不足为奇。古往今来无数事实证明，凡事有所成、业有所就者无不具有"宠辱不惊"这种极宝贵的品格。荣也自然，辱也自在，一往无前，否极泰来。

在现实生活中难免会遭到不幸和烦恼的突然袭击，有一些人，面对从天而降的灾难，处之泰然，总能使开心永驻心中；也有一些人面对突变而方寸大乱，甚至一蹶不振，从此浑浑噩噩。为什么受到同样的心理刺激，不同的人会产生如此大的反差呢？原因在于能否保持一颗平常心，宠辱不惊。

著名女作家冰心曾亲笔写下这样一句话："有了爱就有了一切。"看到这句话，不禁让人感到一种身心的净化，受到一种圣洁灵魂的感染。在冰心的身上，永远看到的是一个人生命力的旺盛，看到的是一颗跳动着的在思考、在奋斗的年轻、从容的心。

成功时不心花怒放，莺歌燕舞，纵情狂笑，失败时也绝不愁眉紧锁，茶饭不思，夜不能寐。

实际上，生活就如同弹琴，弦太松弹不出声音，弦太紧会断，保持平常心才是悟道之本。

古今中外的大多数伟人，他们沉着冷静，遇事不慌，及时应变，正确判断所处局势，取得了令人瞩目的成就。一般来说，人们只要不是处在疯狂或激怒的状态下，都能够保持自制的状态，并做出正确的决定。宠辱不惊的情绪，不仅平时可以给人带来幸福、稳定，而且能在大难临头的时候，帮助你转危为安，逢凶化吉。

在充满挑战的社会里，能保持一颗平常心不是一件很容易的事。具有平常心的人，一切都看得平平常常，即"宠辱不惊，看庭前花开花落，去留无意，望天空云卷云舒"。

当然，保持平常心绝不是安于现状。人类的伟大在于永不休止地追求和渴望，历史的嬗变在于千百万创造历史的人们永无休止地劳作。生命是一个过程，而生活是一条小舟。当我们坐在生活的小舟在生命这条河中款款漂流时，我们的生命乐趣，既来自对伟岸高山的深深敬仰，也来自于对草地低谷的切切爱怜；既来自于与惊涛骇浪的奋勇搏击，也来自于对细波微澜的默默深思。因此我们平常的生命、平常的生活一经升华，就会变得不那么平常起来。因为，生命和生活是美丽的，这种美丽，恰恰蛰伏于最容易被我们忽略的平平常常之中。没有珍惜平常的人，不会创造出惊天动地的伟业，没有把平常日子过好的人，体味不到人生的幸福。

宠辱不惊，保持平常心，是人生的一种境界。它是来自灵魂深处的表白，是源于对现实清醒的认识。人生在世，不见得权倾四方和威风八面，也就是说最舒心的享受不一定是荣誉的满足，而是性情的安然与恬淡。因此，宠辱不惊，用一颗平常心去对待、解析生活，就能领悟到生活的真谛，就能体悟到平平淡淡才是真！

胜而不骄，败而不馁

拿破仑有句名言："从伟人到滑稽小丑只有一步之遥。"在人生的道路上，无论取得多么大的成绩都不要炫耀，要懂得掩饰自己的才能，隐藏自身的光芒，要知道树大招风，必有后患。尤其是在权衡得失时，切莫得意忘形、居功自傲，务必本着"见好就收，低调做人"的原则。因为低调的人知道，因成功而得意忘形，会出现一系列的不良行为，终致为自己的忘形付出惨重的代价。

俗话说："花无百日红，人无千日好。"越是功勋显赫、权高位重的人，越要低调行事，越要懂得居功不自傲、得意莫忘形的道理。那些"只进不退，见好不收"的人，史上屡见不鲜。然而，那些居功不自傲者却总是能恪守一方清静，换得一世安宁。

郭子仪是唐朝的名将，被封为汾阳王，权倾朝野，可谓一人之下，万人之上。然而，汾阳王府自落成后，郭子仪便命下人每天都要将府门大开，任凭人们自由地进进出出。

一天，郭子仪帐下的一名将官要调到外地任职，前来辞行。他知道郭府百无禁忌，就一直走进了内宅，恰巧看见郭子仪的夫人和他的爱女正在梳妆打扮，而郭子仪正在一旁侍奉她们，一会儿递毛巾，一会儿端水，郭子仪被妻女像"奴仆"一样呼来喝去。此后，一传十，十传百，整个京城的人都把这件事当成笑话来谈论。

郭子仪的几个儿子听了觉得很丢面子，便跪求郭子仪，希望他收回大开府门的命令，此时，郭子仪却语重心长地对他们说："我敞开府门，任人进出，不是为了追求浮名虚誉，而是为了自保，为了保全我们全家人的性命。"儿子们闻听此言很是诧异，忙问其中原委。

郭子仪叹了一口气，说道："你们光看到郭家显赫的声势，而没有看到这声势有丧失的危险。我爵封汾阳王，往前走，再没有更大的富贵可求了。月盈而蚀，盛极而衰，这是必然的道理。如果我们紧闭大门，不与外面来往，只要有一个人与我郭家结下仇怨，诬陷我们对朝廷怀有二心，就必然会有专门落井下石、陷害贤能的人从中添油加醋，制造冤案。那时，我们郭家的九族老小都要死无葬身之地了。"

事实也证明，正是因为郭子仪没有因为得势而居功自傲，没有因自己"一人之下，万人之上"而将所有的名利都归于自己，所以才使得自己避免了"树大招风"的危险，得以安享晚年。

另外，当你铭记成功时不能居功自傲；失败时，更要沉得住气，低调行事，这样才有机会从头再来，获得成功。

任何事物都不是绝对的只有一面，得意与失意也是一个事物的两面，是分不开的。得意也好，失意也罢，很可能是一念之差。懂得这个道理的人，才不会因为自己的成功而嚣张，旁若无人，也不会因为自己的崇高身份而狂妄，傲视他人。得意莫忘形，居功不自傲，带给人的是冷静、是平安。

福祸面前泰然处之

有两个人同时看到一朵玫瑰花，一个人抱怨说，每一朵玫瑰花上面都有刺；另一个人则充满惊喜地说，每一枝带刺的枝条上都盛开着鲜艳的花朵。一样的玫瑰花在不同的人眼里，感受大不相同：悲观的人看到的是丑陋的刺，乐观的人看到的是美丽的花。

有些人遭遇苦难和挫折时，眼中的世界总是灰暗的，阴霾漫天，充满了凄风苦雨；而另外一些人却在此时仍能感受到世界是洒满阳光的，即使是偶有风雨袭来，他们也相信天空终会平静，一道彩虹会现身天际。为什么在人们的眼中同样的世界会存在如此大的差异呢？正是因为不同的人生态度。所以说，要想让自己有好的心态，那么不妨换个角度看世界。

用阴暗的眼光看世界，世界就是阴晦和单调的；用明亮的眼光看世界，世界就是充满光明和色彩的。当我们受到挫折或遭遇不幸时，常常会用"塞翁失马"来安慰自己。这个成语比喻人们暂时受到损失，但没有想到的是却由此而得到好处。"塞翁失马"可以是"坏事能变成好事"，也可以是"好事也能变成坏事"。

很久以前，塞外住着一个老人，人们都叫他塞翁。塞翁的儿子很爱骑马，有一天，塞翁放牧的时候，走失了一匹马。马是牧民的命根子啊，乡亲们怕他受不了打击，都来好言相劝："你丢失一匹骏马，这真是个大损失。但千万要想开点，保重身体要紧。"这时，塞翁却十分平静地说："没关系的，丢失好马虽然是一大损失，但谁知道这会不会成为一件好事呢？"

没过多久，那匹马竟然奇迹般地跑回来了，并且还带来一匹北方少数民族的良马。众乡亲闻讯，纷纷前来道贺。这时，塞翁又意味深长地说："谁知道这会不会变成一件坏事呢？"

因家里又多了一匹良马，塞翁的儿子太高兴了，天天骑马出去玩。这下可出大祸了，有一天，他骑得太快，一不小心从马上摔下来，把大腿骨摔断了。左邻右舍又来探望他，安慰塞翁。这时塞翁又说："谁知道这会不会成为一件好事呢？"众人听了都不明白这句话是什么意思，觉得他的脑子出了问题。

大概又过了一年的光景，由于北方的部落大举入侵，青年男子都被抓去当兵了，这些被抓的人十之八九都战死在战场上了。而塞翁的儿子却因为跛脚未被充军，保全了一条性命。

"塞翁失马"的故事反映了我国古代劳动人民朴素的辩证思想，同时也告诉我们祸与福可以在一定条件下互相转化。真正的低调者懂得这个道理，所以，他们能用一种深远的、泰然的"意境"去面对旦夕祸福。

得意之时，不忘乎所以；遭遇灾祸，不沮丧绝望。这是低调的高超境界。面对人生的祸福，我们不妨换一种眼光来看。心境平和，目光看向远方，人生才会更好。

让心态归零

低调的人无论在何时何地，不管做任何事，都会保持一种平和的心态，并且能够让心态回归到零，也就是把自己心灵里的一切清空，把已经拥有的一切剥除。

巨星成龙，被业界尊称为"大哥"。这不仅是因为他扮演的都是一些侠义硬汉，更重要的是他的敬业为所有人称道。

有一次，成龙的新片即将公映，在公映前的记者招待会上，成龙接受了众多媒体的采访。细心的朋友发现，成龙每次出现在摄像机前，总是精神抖擞的，而且十分配合工作，丝毫没有大牌明星的骄傲。他这种精神状态也影响到了出席招待会接受采访的其他演员，他们都很配合采访，并在成龙的影响下表现得很有亲和力。

有记者问成龙如何能够做到应对如此众多的媒体采访却依然能保持充沛的精力。成龙笑着说："我最多的时候一天接受了79

次采访，但是我告诉自己任何一次采访都要把它当作是今天的第一次采访，我要对得起喜欢我的观众。因此，我每次都能精神抖擞地投入到采访中去。"

成龙的表现看似很平凡，却恰恰体现了他为人低调、谦虚的高贵品质，同时这也是他的电影能够长久不衰地保持生命力的一个重要原因。相反，如果一个人总是把自己抬得很高，那在别人心目中他的地位会更低。因此，越是把自己看得很平凡，就越是能够有成功的表现。

温州商人就有这种把心态回归到零的精神。他们不怕失败，他们经常说："就算输到底，大不了我还是'草根族'。"正是这种置之死地而后生的精神，促使他们从一无所有到事业有成。

只有把心态放低，才能够不为自己的才华不被重视而感到不平，也只有这样，才能够专心地做普通的工作，才越容易做出成绩。有时就是这样，越是把心态放低，越是能获得意想不到的收获。那么，低调者是如何在心态归零当中审视自己、定位自己的呢？下面有几点经验：

1. 客观冷静地看待过去

过去的荣誉与挫折都已成为过去，如果不能时时准备归零，就会受荣誉所影响，躺在光环里，停滞不前；如果不能时时准备归零，就会受挫折影响，挫伤锐气，影响现在。

2. 珍惜现在拥有的

只有对工作抱有珍惜的态度，我们才会不那么自以为是，才会从工作中学会别人没有看到的东西。

3. 保持一颗平常心

当你接受新的工作和挑战时，你能否成功，取决于你是否能倒空杯中的水，潜下心来从头做起，这需要一颗平常心才能做到。

4. 拥有一颗积极的心

在成长的道路上，当我们以"归零心态"去面对这个变化越来越快的世界时，就会抱着一种学习的态度积极去适应新环境，接受新挑战，创造新成果。

对于任何人来说，在人生的历程中总会经历一次又一次的转变：当你第一次领到工资或奖金的时候；当你第一次感到自我价值实现的时候；当你第一次能够承担社会责任的时候；当你第一次做父母或领导的时候……但有一点不能变化的就是我们还必须不断学习，还必须保持足够的好奇心和进取心，还必须保持一种从零开始的心态。这样，人生的道路才会越走越顺畅。

名不可简成，誉不可巧立

墨子在《修身》篇中说："名不可简成也，誉不可巧而立也。"意思是成就事业要能忍受孤独、潜心静气，才能深入"人迹罕至"的境地，汲取智慧的甘饴。如果过于浮躁，急功近利，就可能适得其反，劳而无功。

急于求成是许多人身上常见的败因，它就是造成人们做事目的与结果不一致的一个重要原因。《论语·子路》中有一句话："欲速则不达"。意思是说一味主观地求急图快，违背了客观规律，造成的后果只能是事与愿违。一个人只有摆脱了速成心理，一步步努力，步步为营，才能达成自己的目的。

乒坛世界冠军邓亚萍小时候因为个子很矮，被省乒乓球队以"个子太矮，没有发展前途"为由退回，这让邓亚萍深受打击，但她没有认输，而是谨记爸爸的话："先天不足后天补，只要有特长和扎实的基本功，何愁不会脱颖而出！"从此，她开始了更加刻苦的训练。

当时，郑州市乒乓球队的条件十分艰苦，连一个固定的训练场地都没有。邓亚萍和她的队友们一开始在一间暂时不用的澡堂里练球，后来又转移到一个小学的礼堂，最后才搬到市体育场靶场二楼的训练房。夏天，训练房里的温度非常高，可队员们在里面一待就是一整天，挥汗如雨，连衣服都湿透了。冬天，室内十分寒冷，队员们的双手常常肿得像个面包，甚至皲裂。

无论训练多么严格、条件多么艰苦，全队年纪最小、个头最矮的邓亚萍都咬牙坚持下来了，甚至比别人做得更出色。训练房离邓亚萍的家不远，但她从不擅自回家，她那不服输的拼劲，让很多比她大的队员都自叹不如。正是在这里，邓亚萍练出了

"快、怪、狠"的战术，即正手球快、反手球怪、攻球狠，这成了她以后最突出的打球风格。

功夫不负有心人，邓亚萍的努力得到了丰厚的回报。1988年，15岁的邓亚萍在国际、国内各项大赛上所向披靡，并夺得了第六届亚洲杯乒乓球比赛的女子单打冠军。进入国家队后，邓亚萍依然保持着勤奋、刻苦的精神。

平时，队里规定上午练到11点，她给自己延长到11点45分；下午训练到6点，她练到6点45分或7点45分；封闭训练时晚上规定练到9点，她练到11点。一筐200多个训练用球，邓亚萍一天要打10多筐；练一组球的脚步移动，相当于跑一次400米；邓亚萍的一堂训练课，相当于跑一次1万米，这还没算上数千次的挥拍动作。有人做过统计，邓亚萍平均每天加练40分钟，一年就比别人多练40天。

教练曾经做过统计，她一天要打1万多个球。邓亚萍每天练球，都要带两套衣服、鞋袜，湿了一套再换一套。她经常因为训练错过吃饭的时间，有时食堂会为她专设"晚灶"，但更多时候她只能用方便面对付一下。

一次次的南征北战，邓亚萍捧回了一枚枚金牌，并又一次次地把目光投向更高的目标。在1992年巴塞罗那奥运会和1996年的亚特兰大奥运会上，邓亚萍蝉联了乒乓球女子单打、双打的冠军。

1997年，邓亚萍从她所深爱的国家乒乓球队退役了。这时，她已经将自己的名字刻遍了世界大赛的金杯，为祖国争得了荣誉。虽然她的身高只有1.5米，但她却是世界乒坛的巨人。

一点一滴的积累，超人的付出，不服输的精神，使邓亚萍的球艺和战术不断升华，在身高上不足的她理所当然地站在了乒乓球运动的巅峰。

朱熹有一句十六字真言："宁详毋略，宁近毋远，宁下毋高，宁拙毋巧。"这告诉我们，凡事都要脚踏实地，顺应客观规律去完成，即使短暂的突击得到了瞬间的效果，但终究是不牢固的，是经不起岁月的洗礼和时间的考验的。

名不可简成，誉不可巧立，古今中外，概莫能外。门捷列夫发明的化学元素周期表，居里夫人发现镭元素等，都是他们在寂寞中，在反反复复的冷静思索和数次实践中获得的成就。

大道至简，知易行难。艰难困苦玉汝于成，急于求成是永远不会获得想要的结果的，只有脚踏实地才能获得最终的成功。

成长有规律，不可拔苗助长

拔苗助长的故事，大家耳熟能详。庄稼的生长，是有其客观规律的，人无力强行改变这些规律，但是那个宋国人却不懂得这个道理，急功近利，急于求成，一心只想让庄稼按自己的意愿快长高，结果得不偿失，所有的辛苦都付之东流。其实，万事万物都有其自身发展规律，我们做的所有事情也有客观的规律，做事必须循序渐进，而不能急于求成。

正如一位哲人所说的那样，违背客观规律的速成就是在绕远道，只有尊重事物发展规律并付出踏实的努力才能获得最终的成功。

古代有一个年轻人想学剑法，于是，他就找到一位当时武术界最有名气的老者拜师学艺。老者把一套剑法传授给他，并叮嘱他要刻苦练习。一天，年轻人问老者："我照这样练习，需要多久才能够成功呢？"老者答："3个月。"年轻人又问："我晚上不睡觉来练习，需要多久才能够成功？"老者答："3年。"年轻人吃了一惊，继续问道："如果我白天黑夜都来练剑，吃饭走路也想着练剑，又需要多久才能成功？"老者微微笑道："30年。"

年轻人不禁愕然……

年轻人练剑如此，我们生活中要做的许多事情同样如此。成长有规律，欲速则不达，遇事除了要用心用力去做，还应顺其自然发展，才能够成功。

生活中，许多人比别人要勤奋得多，努力得多，却总是希望"一口吃个胖子"，急于求成，结果由于急于求成而丧失了成功的机会。你越是急躁，在错误的思路中陷得就越深，也越难摆脱痛苦。当你过于急躁而寻求突破的时候，往往会迷失方向，跌跌撞撞，最后一事无成。不仅在生活中是这样，物理学上这样的现象也是普遍存在的。量变不积累到一定程度就不会有质的变化。

在水平桌面上放一个物体，水平拉力从一点点开始慢慢地增大，物体就会从静止变成滑动，从静摩擦力变成滑动摩擦力，经过最大静摩擦力的临界状态变成了滑动摩擦力。被斜面上的绳拴着的小球，当释放小球做加速度运动时，在一个方向上的加速度逐渐增大的过程中，球体对斜面的压力就会逐步减少，经过压力为零的临界状态，就会离开斜面。由此可以得出，要发生质的飞跃，就要经过一定量的积累。

我们要想成功地完成一件事情，就要做好充分的准备，进行量的积累。我们想取得好的成绩，就要靠平时认真的学习与积累，这就是一分耕耘一分收获的道理。我们的人生经历也是从知之不多到知之较多，从知之较多到知之甚多的一个积累过程。既然事物的发展都是从量变开始的，为了推动事物的发展，我们做事情必须具有脚踏实地的精神。千里之行，始于足下；合抱之木，生于毫末；九层之台，起于垒土。要促成事物的质变，必须首先做好量变的积累工作。如果不愿脚踏实地、埋头苦干，而是急于求成、拔苗助长，或者急功近利、企求"侥幸"，是不可能取得成功的。

生活中有许多性格急躁的领导，做一件事情恨不能马上就做好。在公司里你时时可以听见他们怒气冲冲地咆哮："效率！效率！"你时时可以看到他们跟在下属的后面，恨不能用鞭子赶着下属干活。现代社会崇尚效率至上，每一个人都应该追求效率，但是过分追求效率，就变得很急躁。他们忽视了一件事情，要想成功，仅有热情与吃苦耐劳是不够的，还需要缜密的思索，全面地分析，制订切实可行的规划，然后才能一步一步实施下去，直至成功。否则的话，跟那个拔苗助长的农夫又有什么区别呢？

第九章

做人知进退，做事能变通

知道进退，聪明而又精明

"进"与"退"都是处世行事的技巧。是进是退都有章法，该进的时候不进会失去机遇，该退的时候不退会惹来麻烦，甚至是灾难。

依方圆之理行进退之法有一层意思，就是妥当地进退。"进"不张扬，直奔要害；"退"不委屈，妥善收场。既能功成名就，又能远灾避祸是修身处世的秘诀。世间一切事物都在不断变化，时世的盛衰和人生的沉浮也是如此，必须待时而动，顺其自然。这就意味着，为人处世要识时务，懂得"激流勇进"和"急流勇退"的道理。

在古代，有不少真正的权谋家都懂得"功成身退"的道理，在开创伟业、大展宏图、实现夙愿之后，简单地"一退"，从而避开了灾祸。

春秋时期，吴越争雄，越国范蠡在越王勾践身为人奴之时，鼎力效忠。在忍耐了漫长的屈辱之后，越王勾践终于得以东山再起，一举灭掉了吴国，重建越国。而立下赫赫功劳的范蠡在庆功宴上，却悄悄带着西施，乘一叶扁舟离开了。

临走前，他曾托人送过一封信给他的好友文种，信上说：狡兔死，走狗烹；敌国灭，谋臣亡。越王这个人能容忍敌人的欺负，却容不下有功的大臣。我们只能够同他共患难，却不能同他共安乐。你现在不走，恐怕将来想走也走不了了。可惜，文种没有听其劝告，最后被勾践逼死。文种临死前对天长叹，痛悔自己没有听范蠡的话，而落得被杀的结局。

与文种相反，范蠡带着西施和一些财宝珠玉，弃官经商，改名换姓，跑到齐国去了。几年后，成为百万富翁，后人称其为商圣陶朱公。

范蠡的"退"，为自己创造了更好的机会，而文种的"进"，其结果却是死路一条。

荀子说，人生如果到了如《诗经》中所说的"往左，你能应付自如；往右，你能掌握一切"这样的境界，就不会枉为人生了。大丈夫有起有伏，能屈能伸。起，就直上九霄，伏，就如龙在渊；屈，就不露痕迹，伸，就清澈见底。漫漫人生路，有时退一步是为了越千重山，或是为了破万里浪；有时低一低头，既是为了昂扬成擎天柱，也是为了响成惊天动地的风雷。

综观世界历史，大凡能成就伟业者，无不是深谙进退规则之人。退而不隐，强而不显，大智慧者往往掌握了进退方圆的秘诀，为众人敬仰。知晓进退，懂得方圆，是我们能于历史的潮涌中得以应万变的法宝。许多成功人士一生不败，关键就在于用绝了为人处世之道，进退之时，俯仰之间，都运用自如、超人一筹。

后退不是失去，而是投资

在生活中，一些人目光只会停留在眼前利益上，无论做什么都不舍一分一厘，只求自己独吞利益。常常因一时赚得小利，而失去了长远之大利。虽然最先能尝到甜头，但最后却不能饱尝硕果，倒是最先吃亏的人有可能占最后的大便宜。在你努力争取的目标上，还不具备绝对的制胜条件时，一定要注意避免和对手对战，宁可退避三舍，也不要急于交手。隐藏你的真实意图，以"退"的方式来达到"进"的目的。

在和对手进行斗智斗勇的过程中，沉住气，暂时退一步，忍住一时的欲望，耐得住各种各样的诱惑，保持良好的自我状态，才能取得自己真正的需求。

非洲东海岸是一块非常适合栽培食用油原料花生的地方，花生每年的产量都很高。英国友尼利福公司就是看好这一点，所以在那里设有大规模的友那蒂特非洲子公司。这里是友尼利福公司的一块宝地，也是其主要财源之一。然而，第二次世界大战结束后，随着非洲民族独立运动的兴起和发展，友尼利福这些肥沃的土地一块块地被非洲国家没收，这使该公司面临极大的危机。

怎么办呢？跟非洲政府和人民抗争到底，还是妥协退让？面对这种形势，公司内部经过长时间的激烈讨论之后，经理柯尔对非洲子公司发出了6条指令：

第一，非洲各地所有友那蒂特公司系统的首席经理人员，迅速启用非洲人。

第二，取消黑人与白人的工资差别，实行同工同酬。

第三，在尼日利亚设立经营干部养成所，培养非洲人干部。

第四，采取互相受益的政策。

第五，逐步寻求生存之道。

第六，不可拘束体面问题，应以创造最大利益为要务。

不仅如此，柯尔在与加纳政府的交涉中，为了进一步获得对方的信任，还主动把自己的栽培地提供给加纳政府，从而获得加纳政府的好感。"舍不得孩子，套不住狼"，果然不久，加纳政府为了报答他，指定友尼利福公司为加纳政府食用油原料买卖的代理，这就使柯尔在加纳独占专利权。

柯尔在同其他几个国家的交涉中，也都坚持采用退让政策，结果，在"迂回战术"的连连使用下，柯尔的公司不仅没有真的退下来，反而光明正大地站稳了脚跟。

英国友尼利福公司的经营之道就是"以退为进""以静制动"。只要最终能赢得利益，即使暂时妥协、退让也没有关系。因为，在一些特殊情况下，只有甘愿妥协退让，才能赢得时间和空间发展自己。退一步，有可能会获得进两步的空间和机会，结果还是自身获益。

做人也要像做生意这样有进有退，有所为有所不为，必要的退让可以换来更大的利益，一味地咄咄逼人则有可能陷入死胡同。

为下一次的出击留出缓冲

《老子》的第三十六章写道："将欲歙之，必固张之；将欲弱之，必固强之；将欲废之，必固兴之；将欲取之，必故与之。"老子这句话体现出了卓越的变通思想，为了捉住敌人，首先要放纵敌人，放长线才能钓大鱼。

世间之事，有些贵在神速，有些则需放慢脚步，有时甚至需要回过头向后退一步。"缓兵之计"中的"缓"就是后退的意思。后退是一种暂时的妥协，并不是怯懦，而是调整，是要为下次的进攻赢得缓冲的时间。

汉惠帝六年（前189），相国曹参去世。陈平升任左丞相，安国侯王陵做了右丞相，位在陈平之上。

王陵、陈平并相的第二年，汉惠帝死，太子刘恭即位。少帝刘恭还是个婴儿，不能处理政事，吕太后名正言顺地替他临朝，主持朝政。

吕太后为了巩固自己的统治，打算封自己娘家的侄儿为诸侯王，首先征询右丞相王陵的意见。王陵性情耿直，直截了当地说："高帝(刘邦的庙号)在世时，杀白马和大臣们立下盟约，非刘氏而王，天下共击之。现在立姓吕的人为王，违背高帝的盟约。"

吕太后听了很不高兴，转而征询左丞相陈平的看法。陈平说："高帝平定天下，分封刘姓子弟为王，现在太后临朝，分封吕姓子弟为王也没什么不可以。"吕太后点了点头，十分高兴。

散朝以后，王陵责备陈平为奉承太后愧对高帝。听了王陵的责备，陈平一点儿也没生气，而是真诚地劝了王陵一番。

陈平看得很清楚，在当时的情况下，根本不可能阻止吕太后封诸吕为王，只有保住自己的官职，才能和诸吕进行长期的斗争。因此，眼前不宜触怒吕太后，暂且迎合她，以后再伺机而动，方为上策。

事实证明，陈平采取的斗争策略是高明的。吕太后恨直言进谏的王陵不顺从她的旨意，假意提拔王陵做少帝的老师，实际上夺去了他的相权。

王陵被罢相之后，吕太后提升陈平为右丞相，同时任命自己的亲信辟阳侯审食其为左丞相。陈平知道，吕太后狡诈阴毒，生性多疑，栋梁干臣如果锋芒太露，就会因为震主之威而遭到疑忌，导致不测之祸，必须韬光养晦，使吕太后放松对自己的警觉，才能保住地位。吕太后的妹妹吕须恨陈平当初替刘邦谋划擒拿她的丈夫樊哙，多次在吕太后面前进谗言："陈平做丞相不理政事，每天老是喝酒，和侍女玩乐。"

吕太后听人报告陈平的行为，喜在心头，认为陈平贪图享受，不过是个酒色之徒。一次，她竟然当着吕须的面，和陈平套交情说："俗话说，妇女和小孩子的话，万万不可听信。您和我是什么关系，用不着怕吕须的谗言。"

陈平将计就计，假意顺从吕太后。吕太后封诸吕为王，陈平无不从命。他费尽心机固守相位，暗中保护刘氏子弟，等待时机恢复刘氏政权。

公元前180年，吕太后一死，陈平就和太尉周勃合谋，诛灭吕氏家族，拥立代王为孝文皇帝，恢复了刘氏天下。

在实力悬殊的情况下，"以卵击石"并不是明智之举。所以，行事万不可冲动，在"大兵压境"时，可先暂时采取某种保守后退的姿态与做法，在保守、后退中创造条件、积蓄力量，此时，保全实力无疑是最重要的。待到条件和力量具备，时机成熟时，再"发起进攻"，就好像拳击比赛中运动员先将拳头向后缩回，不是懦弱逃避，而是为了更有力地挥拳出击。

留有退路的人才更有出路

凡有远见的人都不会被眼前的得失所蒙蔽，在适当时机，都能为自己留条后路，为将来提供大展宏图的余地，更是为自己留一条全身而退之道。

人们常说"不给自己留退路"，这作为破釜沉舟、一往无前的精神是无可厚非的，但是在现实生活中，往往充满了变数，勇往直前固然可敬，但也可能因此被撞得头破血流，最终走到山穷水尽处。所以爱迪生就曾倡导："如果你希望成功，就以恒心为良友，以经验为参谋，以谨慎为兄弟吧！"

得意时，须寻一条退路，然后不死于安乐；失意时，须寻一条出路，然后可以生于忧患。人生变故，犹如水流；事盛则衰，物极必反。这是世事变化的基本公式。世事既然如此，做人也就应该处处把握恰当的分寸，永远给自己留下一条退路。

一只狐狸不慎掉进井里，怎么也爬不上来。口渴的山羊路过井边，看见了狐狸，就问它井水好不好喝。狐狸眼珠一转说："井水非常甜美，你不如下来和我分享。"山羊信以为真，跳了下去，结果被呛了一鼻子水。它虽然感到不妙，但不得不和狐狸一起想办法摆脱目前的困境。

狐狸不动声色地建议说："你把前脚扒在井壁上，再把头挺直，我先跳上你的后背，踩着羊角爬到井外，再把你拉上来。这样我们都得救了。"山羊同意了。但是，当狐狸踩着山羊的后背跳出井外后，马上一溜烟跑了。临走前它对山羊说："在没看清出口之前，别盲目地跳下去！"

山羊的错误之处在于太过轻信狐狸，无论是不假思索跳入井中，还是甘心为狐狸做"跳板"，决定都做得太过草率，根本没考虑后果，没有为自己留条退路，结果落得个可悲的下场。

现实生活中，这样的例子也屡见不鲜。比如，一些经营状况不佳的企业，开出优厚条件，吸引精英加盟其中，以求拯救企业。然而，当企业走出困境后，老板却过河拆桥，拒不兑现当初的诺言。寓言中的这口井好比是陷入困境的企业，狐狸好比老板，山羊则是新员工。山羊的经历提醒我们，在做出决定的时候，一定要弄清楚对方的底细和真实想法，为自己留好退路。否则，你就可能成为那只倒霉的山羊。

人生是一段漫长的攀登之旅，对自己熟悉的路，可以做进一步的打算，比如往旁边小径走走，看看周围有没有新的风景。对不熟悉的路，则要做退一步的打算，在每个分岔路口都做个记号，好知道怎么下山。

只有那些知道退路的人才能攀上巅峰。子曰："君子有不幸，而无有幸；小人有幸，而无不幸。"人无完人，只需要做到完成自己定的目标，不要过于苛求更高的目标。当你爬得越高，可能会摔得越疼。好多事情要知道给自己留一条退路才可以攀到人生的最高峰。

无论何时，都应该为自己留一条退路，一个人一旦孤注一掷地丢掉原本属于自己所有的东西，就有可能失去一切。"狡兔三窟"，做事留有余地，给自己保留一条退路，就不至于落得一败涂地的下场。记得提醒自己事情不能做尽做绝，如同话不能说尽说绝一样，不是伤人就会被别人所伤。当事情做到尽处，力、势全部耗尽，想要改变就难了。

俗话说："月盈则亏，水满则溢。"凡事留有退路，才能避免走向极端。特别是权衡进退得失的时候，更要注意适可而止，尽量做到见好就收，防患于未然，只有这样，才能牢牢握住对日后人生的主导权。

留有余地，才能从容转身

探戈是一种讲求韵律节拍，双方脚步必须高度协调的舞蹈。探戈好看，但要跳好探戈绝非一件轻而易举的事，很多高手均需苦练数年才能达到炉火纯青的舞技。跳探戈与处世，有着许多异曲同工之处，亲子、朋友、同事、上下级之间，如果能用跳探戈的方式相处，彼此协调，知进知退，通权达变，不但要小心不踩到对方的脚，而且要留意不让对方踩到自己的脚，那么，人与人之间才能和睦相处，恰到好处。

人生是一场华丽的舞会，聪明人往往选择跳探戈，自始至终保持着优雅奔放、进退自如的姿态。做事亦是如此，聪明人明白事不可做绝，凡事留三分薄面给他人，当时看也许自己吃亏了，但是低头看，自己脚下却多了七分余地。所以佛家要人心存厚道，多讲人好话，多给人留情面，因为种什么因结什么果，其实这就是给自己留一处空间。

据《桐城县志略》和姚永朴先生的《旧闻随笔》记载：清康熙时，文华殿大学士、礼部尚书张英世居桐城，其府第与一吴姓人家为邻，中间有一条属于张家的空地，向来作为过往通道。后来吴氏建房子想越界占用，张家不服，张吴两家遂发生纠纷，闹到县衙。因两家同为显贵望族，县令左右为难，迟迟不予判决。

张英家人见有理难争，遂驰书京都，向张英告状。张英阅罢，认为事情简单，便提笔挥毫，在家书上批诗四句："千里修书只为墙，让他三尺又何妨。万里长城今犹在，不见当年秦始皇。"张家得诗，深感愧疚，毫不迟疑地让出三尺地基。吴家见状，觉得张家有权有势，却不仗势欺人，深感不安，因此也效仿张家向后退让三尺。于是，形成了一条六尺宽的巷道，名曰"六尺巷"。两家此举随即成为千古美谈。

留三分余地给人，自己也因此从中受益。让出一堵墙，却换来了两家人融洽的关系，何乐而不为呢？

我们无论处于何时何地，都会遇到各种各样的人，都要同各种各样的人相处。在人际关系中，难免会出现磕磕碰碰，难免会出现问题。有人说：只要有人的地方，就会有争斗。有的人在争斗的时候往往为顾及自己的利益而去伤害他人，最终连自己也受到了伤害。

一个青年到河边钓鱼，遇到一个捕蟹老人，身背一只大蟹篓，但没有盖上盖子。他出于好心，提醒老人说："大伯，你的蟹篓忘了盖上盖子。"

老人回头看了他一眼，微微一笑："年轻人，谢谢你的好意。不过你放心，蟹篓可以不盖。要是有蟹想爬出来，别的蟹就会把它钳住，结果谁都跑不掉。"

那一篓互相钳制的螃蟹是否曾想到，钳住别人也就堵住了自己的出路。这个故事启示我们：事不可做绝，凡事给别人留有余地，才能给自己留有余地，也才能从容脱身。

人要看多远而走多远，而不是走多远看多远。所以我们要沉住气，多重视形势的动态发展，对未来情况做出尽可能精确的判断，做到心中有谱，留点余地，自己才能进退自如。

永远不变的是变化，要随机应变

社会环境的任何一次变化，都有可供发展的机遇，紧紧抓住这些机遇，好好利用这些机遇，不断随环境之变调整自己的观念，才有可能在社会竞争的舞台上开创出一片天地，站稳自己的脚跟。

环境风云变幻，永远不会变的是变化。对于竞争者来说，这些变化既是危机，又是时机。改变观念，适时而进，可收到事半功倍的效果。相反，观念俗旧，漠然对待，则要付出事倍功半的代价。甚至，一味抱着老观念不放，则可能被挤出社会，在竞争中无容身之地。

社会环境是变化多端的，一大批新机遇产生了，便有一些旧观念旧制度随之消逝，而旧观念旧制度的消逝必然带来部分人定位的危机。所以，每个人在生存的过程中，要有中途应变的准备，这是社会环境下的生存之本。

清代有这样一则故事：

一位官员在一柄精制的竹扇上题了一首唐诗送给慈禧太后。他题的是唐代王之涣的《凉州词》："黄河远上白云间，一片孤城万仞山。羌笛何须怨杨柳，春风不度玉门关。"可是这位官员一时疏忽，竟然漏掉了一个"间"字。这下子可触怒了慈禧太后，慈禧太后说这位官员有欺君之罪，我是堂堂一国之后，难道还不知道这首唐诗吗？你分明是戏弄于我。这位官员急中生智，急忙说："启奏老佛爷，我所题的并非是一首唐诗，而是一首词。词云：'黄河远上，白云一片，孤城万仞山。羌笛何须怨，杨柳春风，不度玉门关。'"

慈禧一听，觉得很有道理，非常高兴，便重重地赏了这位官员。

这位官员的生死，全在慈禧太后的一喜一怒间，幸而这位官员机智，能随机应变，才保得住一条性命。

随着情况、形势的变化，掌握时机、灵活应付，这就是随机应变。作为一种能力，一种应付各种场合、情况和变化的能力，这是人们最应当具备的。同样，它的目的也是为了保护自己，免遭羞辱或灾难。正因为随"机"应变，所以随时可能用得着，很难预先计划。

随机应变要求有反应灵敏的头脑，要求对外界发生的一切及时地做出适当的反应。当你面对突发的事件、意想不到的提问、别人布设的陷阱、令人难堪的境地、出乎意料的情况时，你能够快速灵敏不露声色地做出正确的反应，这是大智大勇，也是小计细谋。对于谋求成功的人来说，面前有多少意料不到的灾难啊！如果不能够随机应变，不能够沉着、冷静、迅速地处理各种突发的变故，怎么能够登上成功之巅呢？

运用随机应变有很多优势：其一，在于保持创造机遇的主动地位；其二，把被动应付环境变化变为主动制造有利环境。而其最终目的是使自己永远处于主动地位，驾驭事态发展，以实现既定目标。

18世纪，在英国有一个很有名的小丑演员，趁着假期到利物浦玩，在假期快结束时，他忽然接到由伦敦家里发来的急电："家有要事，请即刻返回。"

他准备买车票马上回去，却忽然发现口袋里的钱付了旅馆费用之后，就不够买车票回伦敦了。"怎么办呢？在这里没有朋友，又没有人认识我，谁会借钱给我呢？"他愁眉苦脸地思索。

"如果请人由伦敦寄钱来再回去，这样做根本赶不上。"喜剧演员心里急得不得了，以往脸上总是挂着的开心模样，现在换上了满面愁容。

"怎么办？"他躺在旅馆的床上左思右想一夜没睡。第二天，他走到旅馆大厅，用充满了喜剧感的动作和旅馆人员打招呼，并且说："马上就回来！"

走出旅馆，他掏出身上仅有的一点钱，买了两盒廉价点心，又寄了一封信回伦敦。在纸上写了几个字贴在点心盒上之后，就拎着两盒点心回了旅馆。

回到旅馆之后，他故意让工作人员看到两盒点心上写的字。招待员看到这些字之后大吃一惊，趁着他不注意便给当地警察打了电话。

过了一会儿，一辆警车疾驶而来，冲进旅馆将他逮捕了。按规定，所有嫌疑犯都必须马上被解送到伦敦去，小丑就这样被押回了伦敦。

到底点心盒上贴的是什么字呢？

一盒贴着"给皇帝的毒药"；另外一盒贴着"给王子的毒药"。

到了伦敦之后，时常为皇帝演出的小丑很快地被释放了。

因为那封信是寄给皇帝的。当皇帝看过他寄来说明这件事情来龙去脉的信之后，不但没有生气，反而因为这巧妙的情节哈哈大笑，对他的机智聪明颇为赞赏！

随机应变是一种智慧的表现，就像那个小丑一样。环境的改变可能会让我们陷入困境。但不同的环境，往往会出现不同的机遇，看你怎样对待。

一个人、一个团体乃至一个国家、一个社会总是处于一个具体的、复杂的、多变的环境之中，面临众多的机遇和挑战，如何在激烈的竞争中立于不败之地，随机应变是一个必不可少的因素。对于个人而言，随机应变是一个人智慧的象征。古书称："机应变，则易为克殄。"意思是说，跟随时机调整策略就容易战胜对方。随机应变就个人而言具有极其重要的意义，它能使被动转化为主动，不利转化为有利，获得出奇制胜、化险为夷的效果。

环境在变，时势在变，事态在变，生活在变，每一个个体也都在变。世界上的万事万物都是不断发展变化的。要适应环境、时势的更迭，应付事态、生活的变化，就得学会随机应变。荀子曾说："举措应变而不穷。"能够随着时势、事态的变化而从容应变，是一个人抓住机遇、建功立业不可或缺的本领。

宋人罗大经在《鹤林玉露·临事之智》中云："大凡临事无大小，皆贵乎智。智者何？随机应变，足以弭患济事者是也。"从一定意义上说，智者就在于随机应变，借以弭患济事。然而，智者不是天生的。因而学习应变之术，掌握应变之道，就显得尤为重要。

随机应变要求我们要审时度势，深谋远虑，要做到：

（1）对环境变化的各种因素有客观的分析了解。

（2）对各种由因素的变化发展而带来的形势发展变化要做出正确的预测分析。

（3）在分析的基础上找到突破束缚的机会。

面对时机的变化，机遇也在变化，这就需要我们灵活变通，山不转水转。

俗话道：识时务者为俊杰。何谓识时务？就是能够认清客观形势或时代潮流，能够根据客观形势或时代潮流的变化，因时制宜，顺势而动。因而无论古今中外，只有识时务的人才能找到机遇，成为时代的俊杰。

第十章

做人知道「放下」，
做事懂得「拿起」

身在红尘，骄傲需要弯下腰来

有一位将军，在大军撤退时总是断后，回到京城后，人们都称赞他很勇敢，将军却说："并非吾勇，马不进也。"将军把自己断后的无畏行为说成是由于马走得太慢。其实，在人们心目中，"马走得太慢"不会折损将军的英雄形象。

那些深谙做人之道的人，大多是在社会群体中能够摆正自己位置的人，而把自己看得比别人高一等的人，一定是世界上最愚蠢的人。

一个人太自负，就很容易陷入一种莫名其妙的自我陶醉之中，变得自高自大起来。他会无视所有人对他的不满和提醒，终日沉浸在自我满足之中，对一切功名利禄都要捷足先登。这样的人反而永远也得不到人们对他的理解和尊重。

有时我们的烦恼正是来自于我们那颗狂妄自大的心。狂妄自大的人自以为是，头脑容易发热，他们往往充满梦想，只相信自己的智慧和能力，坚信只有自己才是正确的；他们从来不接受别人的意见和劝告，认为采纳了别人的意见就等于是对自己的否定和贬低。这些人其实是典型的外强中干，他们的固执恰恰证明了他们并不是真正的强者，正因为心虚，所以他们才不愿服输。

实际上，人们尊敬的是那些脚踏实地的人，而不是自吹自擂的炫耀专家。有一个成语叫"虚怀若谷"，这是形容谦虚的一种很恰当的说法。只有空，你才能容得下东西。

居里夫人因取得了巨大的科学成就而天下闻名，她一生获得过各种奖项，各种奖章16枚，各种名誉头衔117个，但她对此都全不在意。

有一天，她的一位女朋友来访，忽然发现她的小女儿正在玩一枚金质奖章，而那枚金质奖章正是大名鼎鼎的英国皇家学会刚刚颁给她的，她的女朋友不禁大吃一惊，忙问："居里夫人，能够得到一枚英国皇家学会的奖章，是极高的荣誉，你怎么能给孩子玩呢？"

居里夫人笑了笑说："我是想让孩子从小就知道，荣誉就像玩具，只能玩玩而已，绝不能永远守着它，否则将一事无成。"

1921年，居里夫人应邀访问美国，美国妇女为了表达崇拜之情，主动捐赠1克镭给她，要知道，1克镭的价值是在百万美元以上的。

这是她急需的。虽然她是镭的发明者和所有者(她却放弃为此申请专利)，但她却买不起昂贵的镭。

在赠送仪式之前，当她看到《赠送证明书》上写着"赠给居里夫人"的字样时，她不高兴了。她声明说："这个证书还需要修改。美国人民赠送给我的这1克镭永远属于科学，但是假如就这样规定，这1克镭就成了我的私人财产，这怎么行呢？"

主办者在惊愕之余，打心眼里佩服这位大科学家的高尚人品，马上请来一位律师，把证书修改后，居里夫人才在《赠送证明书》上签字。

我们看体育比赛，知道一个运动员要跳高，就必须先蹲下，没有人可以直着双腿去跳高。一个运动员在田径比赛时，特别是短距离比赛时，要跑得快，就必须先弯下腰，向前倾斜力度很大，才会跑得更快。

大凡成功的人在遇到瓶颈时，他会以退为进，退也是一种谦虚。俗话说："天外有天，人外有人。"保持一颗谦逊的心，你才能时刻前进；跨越虚荣的樊篱，你才能平静地选择自己的生活，把握好自己前进的方向。

在生活中我们经常会遇到这样一种人，他们总喜欢指出别人的缺点，说人家这儿做得不合适，那儿也做得不够，似乎自己什么都行，对什么都可以说出一些大道理来。其实，这只是一种虚荣的表现，他们之所以摆出一副"万事通"的面孔来，就是怕被别人藐视，用这种方式来显示炫耀自己，以此来提高自己的地位，可是这样做的结果只会让人敬而远之，遭人厌恶。

真正的大人物，拥有人生大格局的人是那种成就了不平凡的事业却仍然像平凡人一样生活着的人。他们从来都是虚怀若谷的，他们不会盛气凌人，他们从来不会见人就喋喋不休地诉说自己是如何成功和发迹的，他们也从不视自己周围的人是"居心叵测之人"，他们"不以物喜，不以己悲"，平和地做着自己该做的事情。

放下身段，赢得身份

生活中，我们常常见到一些人在地位和权势不如自己的人面前摆出一副盛气凌人的架势，颐指气使，以为自己很有能耐，高高在上。其实，这恰恰是一种浅薄、庸俗的表现。所以，一个人无论有多大的成就，都要懂得尊重别人。"平易近人者人皆近之"，对有一定身份和地位的人来说，放下身段和大家和平相处，非但不失身份，反而更能赢得大家的尊重。

瑞典前首相帕尔梅是一位十分受人尊敬的领导人。他当时虽贵为首相，但仍住在平民公寓里。他生活十分简朴，平易近人，与平民百姓毫无二致。帕尔梅的信条是："我是人民的一员。"

除了正式出访或特别重要的国事活动外，帕尔梅去国内外参加会议、访问、视察和私人活动，一向很少带随行人员和保卫人员，只是在参加重要国事活动时才乘坐防弹汽车，并有两名警察保护。有一次，他去美国参加一个国际会议，人们发现他竟独自乘出租车去机场。

1984年3月，他去维也纳参加奥地利社会党代表大会，也是独自前往的。当他走入会场的时候，还没有人注意到他，直到他在插有瑞典国旗的座位上坐下来，人们才发现他。对他的举动，与会者都啧啧称赞。

帕尔梅从家里到首相府，每天都坚持步行，在这一刻钟左右的时间里，他不时同路上的行人打招呼，有时甚至与路人闲聊几句。帕尔梅同他周围的人关系都很好。在工作之余，他还经常帮助别人，毫无高贵者的派头。帕尔梅一家经常去法罗岛度假，和那里的居民建立了密切的联系，那里的人都将他当作朋友。他常常在闲暇时间独自骑车闲逛、铡草打水、劈柴生火，帮助房东干些杂活，以此来联系和接触群众，他们彼此亲如家人。帕尔梅喜欢独自微服私访，去商店、学校、厂矿等地，与店员、学生、工人进行平等融洽的交流，同时还虚心听取他们的意见。他从没有摆首相的架子，谈吐文雅、态度诚恳，也从不搞前呼后拥的威严场面。这些都使他深得瑞典人民的爱戴。

帕尔梅平易近人，他同许多普通人通过信件建立了友谊。他在任时平均每年收到1.5万多封来信，其中1/3来自国外，为此他专门雇用了4名工作人员及时拆阅、处理和答复，做到来者皆阅，来者均复。对于助手起草的回信，他要亲自过目，然后才能签发。这一切都使他的形象在人民心目中日益高大。帕尔梅首相府的大门也永远向广大人民开放，永远是人民的服务处。在瑞典人民的心目中，帕尔梅是首相，又是平民；是领导人，又是兄弟、朋友，他是人们心目中的偶像。

放下身段，绝不会使高贵者变得卑微，反倒更能增加人们对他的尊敬之情，同时也能够使周围的人们心悦诚服地以他为榜样，向他学习。这样的人把自己的生命之根深深扎在大众这块沃土之中，又怎能不流芳百世，令人敬重。

当年林肯总统的平易随和是有口皆碑的，尽管他身为总统，却常常喜欢一个人独自走出办公室，到民众中去。平时他在白宫办公室的门总是开着，任何人想进来谈谈都受欢迎。他不管多忙也要接见来访者。

林肯总统不愿意在他和民众之间拉开距离，这使得保卫工作颇不好做。他也常抱怨那些执行职责的保卫人员："让民众知道我需要与他们在一块儿，这一点是很重要的。"他先这样说，接着就开始躲避他的卫兵或命令他们回到陆军部去。他不愿意成为白宫办公室的囚徒。他保持着最高行政官所不寻常的灵活性。

林肯很少拒绝人，甚至还鼓励他们来访。1863年，林肯写信给印第安纳州的一个公民："对来见我的人我一般不拒绝见他们，如果你来的话，我也许会见你的。"

他曾说："告诉你，我把这种接见叫作我的'民意浴'——因为我很少有时间去读报纸，所以用这种方法搜集民意；虽然民众意见并不是时时处处令人愉快，但总的来说，其效果还是具有新意、令人鼓舞的。"

林肯说的"民意浴"缩短了他与下属、人民的距离，加深了彼此间的感情，激发了人民参与国事的主动性和积极性，利国又利民。

位居高位的人常常为众人所仰视、所瞩目，他们的一言一行会得到更多人的关注、议论和评判。如果此时能以低调的姿态俯视众人，以平易随和的态度对待众人，做到华而不显、贵而不炫，就一定会赢得众人的拥戴、人心的归附。

适时认输，获得赢的机遇

适时认输，才能保存实力。美国有一位拳王说过，任何拳手都不可能打败所有的对手，好的拳手知道在恰当的回合认输。因为，及早认输，下次还有赢的机会；如果逞能，对手把你打死了，或把你拖垮了，你不是连输的机会也没有了吗？

在人生的长河中，竞争是纷繁复杂的，其中不乏乱箭和暗器。面对不讲竞争规则的阴损小人，碰上怀着"谁也别想比我好"的病态心理的嫉妒小人，你斗得越凶，只会陷得越深。与其让生命的价值在乱斗中无端地折损，不如暂且认输，离开是非圈，用自己保存下来的实力，去寻找真正的竞技场。

当我们明白自己不是对手时，就应该认输。生活中常有竞争和角逐，但深知自己"斗"不过对手，还一味地跟人家"斗"，这又有何益呢？"斗"得愈起劲，只会使自己输得更惨。选择认输，急流勇退，将使我们避开锋芒，以退为进，赢得潜心发展的主动权；将使我们得以冷静下来去认识差距，虚心向对手学习，从而真正打败对手。

巴尔扎克曾经梦想着做一个经营有方的商人，他开过印刷所，还做过其他生意，尽管他勤于经营并颇有经营头脑，但命途多舛，在生意场上屡屡受挫。最后，巴尔扎克在事实面前服输，明白自己不是做生意的那块料。于是捡起冷落已久的笔，重操旧业。

当我们知道自己确实不可能做到时，就应该像巴尔扎克那样，适时认输。并不是所有的困难和挫折我们都可以逾越，并不是所有的机遇和好运我们都可以把握，在明知无力回天、败局已定时，我们应该认输。选择认输，不去坚持下完一盘根本下不赢的棋，而是弃之一边，将使我们及早从"死胡同"里走出来，避免付出更惨重的代价。

适时认输不是自甘消沉，它有积极进取的内涵，能使人以退为进，赢得潜心发展的主动权，扬长避短，取得成功。如果认死理，逞强好胜，盲目蛮干，一味地逞强、一味地硬撑，只会给自己带来不必要的伤害，甚至牺牲，最终输掉自己。只有做到审时度势、随机应变、刚柔相济，懂得认输，才能保护自己，立于不败之地。

认输也是一种自我认识，使我们在与别人竞争时，在认同他人优势的同时，也看到了自己的缺陷与不足。有错误和不足并不可怕，学会认输、知道自省，就能避免铸成大错；学会认输，就能及时调整人生的航向，去争取"赢"的机遇和时间。

总之，认输不失为一种策略，它将使你在面对挫折和失败时，沉下心来，摆脱不健康的心理羁绊，使你调整好位置，进入最佳的心理状态。人生有涯，时光匆匆，学会认输，将有助于你在短暂的人生旅途中开创更大的格局。

放下清高，路越走越顺

"墙角的花，你孤芳自赏时，天地便小了。"冰心这首隽永的小诗是对孤芳自赏者最好的诠释。佛学大师星云法师也以花作喻：任何品种好的花朵，如果只会孤芳自赏或自命清高，它就永远是野花，难登大雅之堂。因此，打开自己的人生天地，首先要放下清高，路才能越走越顺。要以谦让豁达来赢得更多的朋友，不要结党营私，局限在某个小团体之内，更不要自尊自大、孤芳自赏，走到孤立无援的地步。

方华是个非常优秀的青年，头脑一向很聪明，在大学期间是一个令人羡慕的"学习尖子"。或许正是因为他太优秀了，所以其他人在他眼里简直不值一提。

方华是一个特立独行的人，时时感到自己是"鹤立鸡群"。

不仅周围的同学他看不上眼，连一些教授他也不放在心上，因为他们讲的课程对方华来说实在太简单了。

学业上的优秀使方华逐渐形成了一种优越感，因而在人际交往上常常变得极为挑剔，容不得别人有一点毛病。一次，有位同学向他借了一本书，书还回来时弄破了一角，虽然那位同学一再向他表示歉意，但方华仍然无法原谅他。尽管碍于面子，他当时什么话也没说，然而从那以后，他再也不愿理睬那个借书的同学了。

渐渐地，方华成了其他同学眼中的"怪人"，大家不敢再和他交往，甚至不愿意和他交往。当然，这种"集体排斥"并没有阻碍方华在学业上的成功。

方华的功课门门都很优秀，年年都获得奖学金，还曾代表学校参加国际性竞赛并获得了奖项。许多老师和学生都一致认为，他是一个难得的"天才"。

数年寒窗苦读后，方华以优异的成绩毕业，顺利进入一家待遇优厚的大公司。他心中对未来充满了憧憬，准备干出一番轰轰烈烈的事业来。不过，上班后的生活远远不像在学校里那样简单，每天都少不了和上司、同事、客户等各种各样的人打交道，方华对此感到十分厌烦。原因在于，他在与人交往时仍然抱着那种挑剔的心理，一旦与人接触就对他人的缺点非常敏感。

毕竟，方华太优秀了，很少有人能够和他相提并论。他对别人的挑剔越来越严厉，逐渐发展成对他人的厌恶。他讨厌那些平庸的同事、低能的上司，有时甚至说不清对方有什么具体的缺陷，但他就是感觉对方不对劲。

长此以往，方华与周围的人关系搞得很紧张，彼此都感到很别扭。他经常与同事闹得不可开交，也往往因一些微不足道的小事而与上司发生龃龉。

终于有一天，方华彻底变成了一个无人理睬的闲人了。尽管他确实很有才干，但上司却不再派给他任何任务，同事们也像躲避瘟疫一样远离他。在走投无路之际，他被迫写了一份辞职书，结果马上得到了批准。

随后，方华又到别处应聘，可是一连换了四五家单位，竟然没有一处令他感到满意。这位原本前途远大的青年，心情变得越来越苦闷，日益形单影只。在巨大的痛苦煎熬下，他的精神逐渐崩溃，最后被送入了一家精神病医院。

方华的人生可谓一场悲剧，但这场悲剧是他孤芳自赏的性格造成的。富有才华的人，难免会有些骄傲和自信心膨胀，这就需要自己保持一个清醒的头脑，看到自身的不足，用谦虚恭敬的态度待人处事，才能不断提高自己，同时也会获得别人的认可。

任何品种好的花朵，都要经过设计修饰，才能摆在客厅里，如果只顾孤芳自赏或自命清高，永远是野花，摆不进客厅。

俗话说："满招损，谦受益。"骄傲自大、孤芳自赏的人，常因"鼻孔朝天"而四处碰壁，人生的领地越来越小。而谦虚的人却能时刻保持谨慎诚恳的姿态，踏踏实实地走好每一步，于是人生之路越走越顺。

拿得起小事，才能做成大事

每个人获得成功的那一秒，事实上是经由无数亿个秒针走动、累积，最后才达成的。

大家一定听说过《只要每秒摆一下》的故事：

一个新组装好的小钟放在两只旧钟中间，两只旧钟"滴答，滴答"一分一秒地走着。

其中一个旧钟说："来吧，你也该工作了。可是我有点担心，你走完31 536 000次以后，恐怕便吃不消了。"

"天哪！"小钟吃惊不已，"要我做这么大的事？办不到，办不到。"

另一个旧钟说："别听它胡说八道。不用害怕，你只要每秒滴答摆一下就行了。"

"天下哪有这样简单的事情？"小钟将信将疑，"如果这样，我就试试吧。"

小钟很轻松地每秒钟"滴答"摆一下，不知不觉中，一年过去了，它摆了31 536 000次。

　　每个人都想做大事，但大事往往是由无数个小事组成的，许多看似微不足道的小事，都是金字塔上的一块块小砖头，不加以实践，又如何成功？正所谓"一屋不扫安能扫天下"。平时生活当中，只要我们能像那只钟一样，每秒"滴答"摆一下，成功的喜悦就会慢慢浸润我们的生命。

　　《圣经》里有一个故事，说耶稣带着他的门徒彼得出外远行，在途中，耶稣看到地上遗落着一块破旧的马蹄铁，于是要求彼得把它拾起来。

　　但是，彼得却因为旅途劳累，不愿为一块马蹄铁折腰，因此充耳不闻，故意假装没有听到。

　　耶稣并没有多说些什么，他自己弯腰捡起马蹄铁。

　　到了城里，他用这块马蹄铁向铁匠交换了微薄的金钱，又用这些钱买了十七八颗樱桃。

　　师徒两人继续往前行，来到了一片荒野，四周杂草丛生，砾石遍地，简直是个鸟不生蛋的地方。

　　彼得背着沉重的行李，走得又累又渴，但是身上的水却早已喝光了，正当他苦无对策之际，耶稣悄悄地从衣袋里丢出一颗樱桃，彼得看到了，像是发现什么大宝藏似的，连忙捡起来吃。

　　于是，耶稣每走一段路就丢下一颗樱桃，彼得也只好每走一段路便弯一次腰，一路上为了甘甜的樱桃，狼狈地弯了不知道多少次腰。

耶稣见到彼得腰酸背痛的模样，知道他受够了教训，于是笑着说："如果你不肯为小事付出，那么你将会为更小的事而付出更多。"

清代中兴名臣曾国藩曾说过一句名言："坚其志，苦其心，劳其力，则事无大小，必有所成。"

世上无小事，许多大事成功的契机，都在看似不起眼的小事里。所以，要想成大事，就要先把手边的小事做到极致，做到无可挑剔。

该出手时决不犹豫

《致富时代》杂志上，曾刊登过这样一个故事：

有一个自称"只要能赚钱的生意都做"的年轻人，在一次偶然的机会，听人说市民缺少便宜的塑料袋装垃圾。他立即就进行了市场调查，通过认真预测，认为有利可图，马上着手行动，很快把价廉物美的塑料袋推向市场。结果，靠那条别人看来一文不值的"垃圾袋"的信息，两星期内，这位小伙子就赚了4万块。

相反，一位智商一流、执有大学文凭的翩翩才子决心"下海"做生意。

有朋友建议他炒股票，他豪情冲天，但去办股东卡时，他又犹豫道："炒股有风险啊，等等看。"

又有朋友建议他到夜校兼职讲课，他很有兴趣，但快到上课了，他又犹豫了："讲一堂课，才20块钱，没什么意思。"

他很有天分，却一直在犹豫中度过。两三年了，一直没有"下"过海，碌碌无为。

一天，这位"犹豫先生"到乡间探亲，路过一片苹果园，望见满眼都是长势茁壮的苹果树，禁不住感叹道："上帝赐予了一块多么肥沃的土地啊！"种树人一听，对他说："那你就来看看上帝怎样在这里耕耘吧。"

有些人不是没有成功立业的机遇，只因不善抓机遇，所以最终错失机遇。他们做人好像永远不能自主，非得有人在旁扶持不可，即使遇到任何一点小事，也得东奔西走地去和亲友邻人商量，同时脑子里更是胡思乱想，弄得自己一刻不宁。于是愈商量、愈打不定主意、愈东猜西想、愈是糊涂，就弄得毫无结果，不知所终。

没有判断力的人，往往使一件事情无法开场，即使开了场，也无法进行。他们的一生，大半都消耗在没有主见的怀疑之中，即使给这种人成功的机遇，他们也永远不会达到成功的目的。

一个成功者，应该具有当机立断、把握机遇的能力。他们只要自己把事情审查清楚，计划周密，就不再怀疑，立刻勇敢果断地行事。因此任何事情只要一到他们手里，往往能够随心所欲，大获成功。在行动前，很多人提心吊胆，犹豫不决。在这种情况下，首先你要问自己："我害怕什么？为什么我总是这样犹豫不决，抓不住机会？"

在成功之路上奔跑的人，如果能在机遇来临之前就能识别它，在它消逝之前就果断采取行动占有它，这样，幸运之神就会来到你的面前。

当机立断，将它抓获，以免转瞬即逝，或是日久生变。看来，握住机遇，眼力和勇气是不可缺少的。

机遇是一位神奇的、充满灵性的，但性格怪僻的天使。它对每一个人都是公平的，但绝不会无缘无故地降临。只有经过反复尝试，多方出击，才能寻觅到它。

在通往成功的道路上，每一次机会都会轻轻地敲你的门。不要等待机会去为你开门，因为门闩在你自己这一面。机会也不会跑过来说"你好"，它只是告诉你"站起来，向前走"。知难而退，优柔寡断，缺乏勇往直前的勇气，这便是人生最大的遗憾。

要善于发现机会。很多的机会好像蒙尘的珍珠，让人无法一眼看清它华丽珍贵的本质。踏实的人并不是一味等待的人，要学会为机会拭去障眼的灰尘。

要善于把握机会。没有一种机会可以让你看到未来的成败，人生的妙处也在于此。不通过拼搏得到的成功就像一开始就知道真正凶手的悬案电影般索然无味。选择一个机会，不可否认有失败的可能。将机会和自己的能力对比，合适的紧紧抓住，不合适的学会放弃。用明智的态度对待机会，也使用明智的态度对待人生。

不要为自己找借口了，诸如别人成功是因为抓住了机遇，而我没有机遇，等等。

这些都是你维持现状的理由，其实根本原因是你没有什么目标，没有勇气，你是胆小鬼，你根本不敢迈出成功的第一步，你只知道成功不会属于你。

如果一生只求平稳，从不放开自己去追逐更高的目标，从不展翅高飞，那么人生便失去了意义。

人对于改变，多多少少会有一种莫名的紧张和不安，即使是面临代表进步的改变也会这样，这就是害怕冒风险造成的。

只要你认准了路，确立好人生的目标，就永不回头，"该出手时就出手"，向着目标，心无旁骛地前进，相信你一定会到达成功的彼岸。

第十一章

做人不骄不躁，做事稳扎稳打

伟大是熬出来的

伟大究竟是怎样成就的？伟大的力量究竟在哪里？

冯仑在《野蛮生长》一书中说过，决定伟大的有两个最根本的力量，时间就是其中之一，时间的长短决定着事情或人的价值，决定着能否成就伟大的事业。所以当你要做一件你希望很伟大的事情时，首先要考虑你准备花多少时间。如果是1年，这件事绝对不可能伟大，20年或许有可能。这么长时间怎么过？不可能一直顺风顺水，肯定要熬。

想要成就伟大事业，就要耐得住寂寞，埋头去做。

这是一个在中国地图上找不到的小岛，但历史上西方列强曾7次从这一海域入侵京津。在这个小岛上驻守着济空雷达某旅九站官兵。这个雷达站新一代海岛雷达兵在艰苦寂寞、气候恶劣的自然环境中，用青春和汗水铸起了一道天网。近年来，连队雷达情报优质率始终保持100%，先后20多次圆满完成中俄联合军事演习等重大任务，被誉为京津门户上空永不沉睡的"忠诚哨兵"。

这个雷达站80%的官兵是"80后"，70%的官兵来自城镇、经济发达地区和农村富裕家庭，50%的官兵拥有大中专以上学历。尽管如此，这些新一代军人仍然能够像当年的"老海岛"一样，吃大苦、做奉献、打硬仗。

风平浪静时，小岛十分美丽，初进海岛的官兵都会感到神清气爽。可不出一个星期，无法言喻的孤独和寂寞感就会悄然爬上心头。白天兵看兵，晚上听海风。值班时，盯着枯燥的雷达屏幕看天外目标；休息时，围着电视机看外面的世界。除了连队的文体活动场所外，小岛上没有任何可供官兵休闲娱乐的去处。每当有客船来岛，听到进港的汽笛声，没有值班任务的官兵，就会欢呼雀跃地拉起平板车跑向码头，去接捎给连队的货物，顺便看上一眼岛外来人的陌生面孔，呼吸几口船舱带来的岛外空气。孤岛上的寂寞，连祖祖辈辈生活在这里的渔民都发出这样的感慨："初来小海岛，心境比天高；常住小海岛，不如死了好。"

5年间，60多名战士从当兵到复员没有出过岛，他们守住了孤独，守住了寂寞。目前，九站已连续12年保持先进，年年被评为军事训练一级单位，先后两次被军区评为基层建设标兵连队，荣立集体二等功、三等功各一次。

人一生中际遇不会相同，但只要你踏踏实实过好每一天，不断充实、完善自己，就能很好地把握机遇，成就伟大事业。有"马班邮路上的忠诚信使"称号的王顺友就是这样一个踏踏实实"熬"过每一天的人。

王顺友，四川省凉山彝族自治州木里藏族自治县邮政局投递员，全国劳模，2007年全国道德模范的获得者。20年来，他一直从事着一个人、一匹马、一条路的艰苦而平凡的乡邮工作。邮路往返里程360千米，月投递两班，一个班期为14天。22年来，他送邮行程达26万多千米，可足足绕地球6.5圈。

王顺友担负的马班邮路，山高路险，气候恶劣，一天要经过几个气候带。他经常露宿荒山岩洞、乱石丛林，经历了被野兽袭击、意外受伤乃至肠子被骡马踢破等艰难困苦。他常年奔波在漫漫邮路上，一年中有330天左右的时间在大山中度过，无法照顾多病的妻子和年幼的儿女，却没有向组织提出过任何要求。

为了排遣邮路上的寂寞和孤独，娱乐身心，他自编自唱山歌，其间不乏精品，像"为人民服务不算苦，再苦再累都幸福"等。为了能把信件及时送到群众手中，他宁愿在风雨中多走山路，改道绕行以方便沿途群众。而且还热心为农民群众传递科技信息、致富信息，购买优良种子。为了给群众捎去生产生活用品，王顺友甘愿绕路、贴钱、吃苦，因而也受到群众的广泛称赞。

20年来，王顺友没有延误过一个班期，也没有丢失过一个邮件、一份报刊，投递准确率达到100%，为中国的邮政事业做出了自己的贡献。

王顺友是伟大的，因为他耐住了寂寞，战胜了自己。很多人以为王顺友的日子太苦太难熬，其实，这就像爬山，熬过艰难的攀登过程，到山顶一看，天高云淡，神清气爽。我们每一个人，只有先去经历"熬"的过程，才能真正体会到"伟大"的境界。

任何人的一生，都是一趟漫长的旅行，沿途有无数的坎坷和泥泞。我们要以熬药、熬粥、熬汤的态度对待人生，能够忍耐，能够战胜坎坷，将日子慢慢地熬，耐心地过，每一天都过得香甜有滋味。

"熬"是一种难得的品质，不是与生俱来的，也不是一成不变的，它需要长期的艰苦磨炼和自我修养与完善。"熬"是一种有价值、有意义的积累。一个人的生活中总会有这样、那样的挫折，会有这样、那样的机遇，然而如果你有一颗能"熬"的心，用心去对待、去守望，伟大就会属于你。

人生最大的享受是磨砺

"水滴石穿，绳锯木断"，成功来自于坚持，功夫全在于磨砺。"磨"不是怯懦的忍耐，而是为了实现某种目标而采取的手段。

在追求成功的道路上，很多人天赋异禀，但因为没有毅力，很难到达胜利的终点；而那些资质平平的人，却可以凭借恒心，点滴积累，看到成功的顶点。正所谓：十年磨一剑，功夫全在磨。愿意坚持的人笑到最后，耐跑的马脱颖而出。

2006年，一本名叫《明朝那些事儿》的历史小说声名鹊起，受到千万读者的热烈追捧。小说的作者"当年明月"才气横溢、嬉笑怒骂皆成文章。殊不知，在现实生活中，"当年明月"却是一个毫不起眼，甚至有点木讷内向的小伙子。

"当年明月"本名石悦，1979年出生在一个平凡的家庭，他性格内向，成绩中等，没有任何特长，从小到大，一直被身边的人视为资质平庸，将来不可能有多大出息的男孩。石悦唯一有点与众不同的地方，就是对历史非常痴迷。小时候，别的男孩子都喜欢变形金刚、武侠小说，石悦却对《上下五千年》等历史书籍情有独钟，百看不厌。进入大学，许多同学忙着谈恋爱，沉溺于各种网络游戏，石悦仍然将自己的课余时间全都交给了史书。

大学毕业后，石悦考取了公务员。工作之余，石悦不抽烟不喝酒、不打麻将不泡吧，也不爱交朋友，他依旧躲进史书中与各朝各代的历史人物交友为伴。石悦成了众人眼中的另类，甚至大家觉得他有点孤僻。

直到有一天，一本名叫《明朝那些事儿》的历史小说在天涯论坛、新浪网站风起云涌，很多出版商赶到石悦的单位争相要和他签订出版合约时，同事们才知道，这个平时毫不起眼、有点木讷内向的小伙子就是目前网络中大名鼎鼎的当红作者"当年明月"。

后来，有媒体记者向石悦讨取成功经验时，他调侃地说道："比我有才华的人，没有我努力；比我努力的人，没我有才华；既比我有才华，又比我努力的人，没有我能熬！"

石悦的成功确实是熬出来的，正因为他十年如一日地耐得住寂寞，迷恋于历史，才会换来今天的辉煌成就。石悦从忍受煎熬到享受煎熬，完成了一个成大事者历经磨砺，进而蜕变腾飞的华美转身。

人生本身就是一种修炼的过程，有些人之所以能成功，并不是因为他们有与生俱来的天分，而是因为他们有志气，更重要的是他们能够调整自己的心态，在沉稳中磨炼身心。所谓"磨"，就是要磨炼心性，聚精会神地做一件事的过程和态度。无论何时，遇到怎样的困难，成功者都能为了实现某种目标而经历"磨"的过程，他们具备超凡的忍耐力，总能坦然地面对生活中的各种磨难。

要有善于忍耐的心性

人的一生只有短短数十年，谁不想在这世上干出一番事业，留下一世英名？可是这世界上的人能做事的不少，能成大业者却微乎其微。为何会如此，因为能成事者除了要有各方面的主客观条件外，还需要有善于忍耐的心性。

孔子曾说："小不忍，则乱大谋。"意思就是如果不能忍受一时一事的干扰，不能忍住一星一点的欲望需求，则会因此而影响全局，以至于破坏即成的大事。

《卧虎藏龙》让华裔导演李安名噪一时。有人认为他的成功全靠运气，其实，李安能有今天的成功，与他的坚忍密不可分。

1978年8月，艺专毕业后，李安申请到美国伊利诺伊大学攻读戏剧。1983年顺利拿到硕士文凭后，李安花了一年的时间制作自己的毕业作品。作品出来时，除了得到当年最佳作品奖的荣誉外，也吸引了经纪人公司的注意，有一家经纪人公司不仅与他签约，还表示要将李安推荐到好莱坞。

进入好莱坞电影城发展几乎是每个年轻人的梦想，李安也不例外。与经纪人公司签约后，李安原以为离梦想已经不远了，但事情并不如想象中美好。原来所谓的经纪人，并不是帮他介绍工作，而是要等他有了作品后，再代表他把这部作品推销出去。然而没有剧本，哪来的电影作品？于是毕业后的李安，转而专心埋首于剧本创作。

墙上的日历就像李安笔下的稿纸一样，撕了一张又一张，整整6年的时间，他都待在家里写剧本，等机会。

要进好莱坞，谈何容易！于是李安选择从台湾出发，果然，电影《推手》一推出，立即受到来自各界的瞩目与好评，李安6年的蛰伏得到了肯定。他说："6年不是一段短时间，如果没有相当的耐心，可能早已消沉了。"

6年之中，李安最大的体会就是，身处逆境中千万不要焦躁不安、惊慌失措及盲目挣扎，"我庆幸自己学会了忍耐，才有今日的成就"。

忍耐是中国人的处世之道，是中国两千多年来的儒家思想的精髓。中国历史上的许多成名人物都是靠"忍"字而成大业的。现代世界上许多在事业上非常成功的企业家、金融巨头亦将"忍"奉为修身立本的真经，均在自己家中、办公室中悬挂着巨大的忍字条幅……可以毫不夸张地说，忍学是世界上成功的企业家、政治家、军事家、外交家、科学家的必修之课。

忍，是一种韧性的战斗，是战胜人生危难的有力武器。

为什么要提倡"忍"呢？这是根据某些事物的具体情况来决定的。有的时候，你处于十分尴尬的境地，无论你怎么努力，成效似乎都不大，被你一直信奉不疑的"一分耕耘，一分收获"似乎不再有效，这就好比手中拿着一万块钱却想通过自己的精心测算、分析来撼动股市一样。此时，你所做的最好策略就是不要凭着自己的"蛮劲"，一味地相信自己的判断，投入到某些前途极端凶险的股票中，相反，若退一步，静观一下股市变化，先求其次，待选定时机东山再起，投入到选中的冷门中，这时你才能真正获得成功。所以说，忍耐的过程是痛苦的，结果却很甜蜜。

勤奋比聪明更重要

成功=99％的汗水+1％的天才。

这是大发明家爱迪生告诉世人的成功公式，这位一生都在努力工作的"发明大王"，用2000多项发明向全世界做了诠释。

切实的努力是获得成功的最好捷径，当你问及每一位成功者的秘诀是什么时，他们都会有相同的一个答案：总是比别人更努力，并且千方百计地做到最好。人生中任何一种成功的获得，都始于勤并且成于勤，与其整日幻想、算计，不如扎扎实实地做出成绩，那么成功就会走向你。

阎若璩是清朝著名的考据学家。他从小口吃，脑子笨拙，理解力也很差。他6岁上学时，老师教过一篇课文，同学们读上几遍就能背诵，但阎若璩读了几百遍还背不下来，因此常常挨板子。阎若璩虽然经常受皮肉之苦，但是始终没有放弃努力。他相信只要自己比别人更用心，更勤奋，就一定能够赶上同学。晚上放学回家，吃过晚饭后，他就在灯下十遍百遍地读书，一定要把当天所学的课文背下来才睡觉。就这样，天赋较差的阎若璩不但赶上了同学，还慢慢地超过了他们。15岁那年，阎若璩已经读了很多书。为了把读过的书彻底弄清楚，他对书中的疑难问题逐字逐句地进行考证注释，并用小字写在书的边上。凭借自己的勤奋和努力，他慢慢地摸索出一套考据学理论，成为了一位非常有名的考据学家。

阎若璩的故事告诉我们：勤奋比聪明更重要。一个人只有真正投入进去，抛开名利得失，达到一种忘我甚至狂热的境界，才能有所作为。

现实生活中，我们都有梦想，都渴望成功，都想寻找一条捷径让自己平步青云。但捷径不是每个人都能找到的，只有用心做事、勤奋耕耘才是正道。

人生很难有永远的依靠，靠人不如靠自己。在这个激烈竞争的社会里，不存在长期的保单，机遇留给有准备、有实力的人，沉住气，用自己勤劳的双手与聪明的大脑经营事业与人生，才是最有效的捷径。

很久以前，有个叫阿松的人，他的心愿是成为一个大富翁。阿松觉得成为富翁的捷径便是学会炼金术，于是他把全部的时间、精力都用于研究炼金术。几年后，他花光了自己的全部积蓄，家中变得一贫如洗，连饭都吃不上，但阿松还是痴迷于炼金术的研究。

阿松的妻子跑回娘家诉苦。她父母决定帮助女婿改掉恶习，便让阿松前来相见。岳父、岳母对阿松说："我们已经掌握了炼金术，只是现在还缺少一样炼金的东西。"

"快告诉我，还缺少什么？"阿松急切地问。

"我们需要5公斤从香蕉叶下收集起来的白绒毛，这些白绒毛必须是你自己种植的香蕉树上的。等到收齐白绒毛后，我们就可以炼出金子来了。"

阿松回家后，立刻在已经荒废多年的土地里种上了香蕉。为了尽快凑齐白绒毛，他除了种自己家以前就有的地外，还开垦了大量的荒地。当香蕉成熟，他小心翼翼地从每片香蕉叶下收集白绒毛，而他的妻子和儿女则抬着一串串香蕉到市场上去卖。就这样，10年过去了，阿松终于收集到5公斤白绒毛。

一天，阿松一脸兴奋地拿着白绒毛来到岳父、岳母家里，向岳父、岳母讨要炼金术。

岳父母指着院中的一间房子说："去把那边的房门打开看看吧！"

阿松打开那扇门，他看到房子里全是黄金，妻子和儿女都站在屋中。妻子告诉他，这些黄金都是他这10年里所种的香蕉换来的。面对着满屋金光闪闪的黄金，阿松恍然大悟。从此以后，他更加用心、勤奋地劳作，终于成了远近闻名的大富翁。

世界上哪有炼金术？真正能够炼出金子来的是自己勤劳的双手！阿松用10年的努力，不仅收获了一屋子的黄金，而且收获了"勤能补拙是良训，一分辛苦一分才"的道理。

有一位哲人曾说过："世界上能登上金字塔顶的生物只有两种：一种是鹰，一种是蜗牛。不管是天资奇佳的鹰，还是资质平庸的蜗牛，能登上塔尖，极目四望，俯视万里，都离不开两个字——勤奋。"缺少勤奋的精神，哪怕是天资奇佳的雄鹰也只能空振双翅；有了勤奋的精神，哪怕是行动迟缓的蜗牛也能雄踞塔顶。

天道酬勤。人生的收获不是上天的恩赐，也不是依靠幸运就能得到的，而是通过实实在在的努力所得。对于成功来说，环境、机遇、天赋、学识等因素固然重要，但更重要的是自身的勤奋与努力，一分耕耘，一分收获，投入更多的汗水，才能换来更大的收获；你付出得越多，你才越有可能成功。

凭一股傻劲迎向困难和挑战

认真、拼命、努力工作，这些看似平凡的行为，却是我们成功的真谛。正如龟兔赛跑当中那只乌龟，明知道以自己的速度根本赢不了健步如飞的兔子，可就是硬凭着一股子傻劲一步一步地"跑"在了兔子前面。我们小时候唱的儿歌《蜗牛和黄鹂鸟》大概的意思是，蜗牛背着重重的壳一步一步地往葡萄树上爬，黄鹂鸟嘲笑它："葡萄成熟还早得很呢，现在上来干什么？"蜗牛傻傻地答道："黄鹂鸟儿啊你不要笑我，等我爬上去葡萄也就成熟了。"

我们身边一定有这样的例子。有的人认真学习能得到80分，有的人头脑聪明却不好好学，但也能拿到80分。后者说前者是个"只知道傻读书的呆子"，"我要是认真读书，拿100分也不在话下"。

可是，在实际工作和生活中，能取得成功并不是只凭聪明，那些天生愚笨却能凭着一股傻劲拼命努力，硬是克服困难、硬是战胜了挑战的人，也大多都获得了成功。

2007年一部叫作《士兵突击》的电视剧占据了中国各大电视台的黄金强档剧场，2007年有一个叫作"许三多"的士兵走进了人们的心田。《士兵突击》就是讲述这个叫作许三多的农家娃子是怎样用一股傻劲儿成长为兵王的故事。

许三多有很多外号，"许木木""许三呆"，因为所有接触过他的人，班长、连长、战友，都觉得这个人实在是太傻了。确实，许三多很傻，傻到连向后转都会拧着腿，傻到他的连长只拿他当半个兵看。

因为新兵训练表现不好，他被分到了五班。这个班在远离人烟的地方驻守着重要管道，这个班被称为"孬兵的天堂"，这里都是即将退役的老兵，仅有几个人的五班每个人都做一天和尚撞一天钟，没有人再重视训练和纪律了。只有许三多，傻乎乎地不在乎新战友的眼光，一个人在草原上踢正步，一个人坚持着早起、训练和打扫；因为班长老马的一句话，他就在驻地的空地上硬是用石头修成了一条路。正是这样的傻劲儿感动了团长，团长才让他进了响当当的钢七连。

在钢七连里，许三多并不招人待见，身为坦克兵的他竟然晕车，大大拖累了他所在的三班的成绩。为了治好他这个晕车的毛病，三班长史今建议他练习腹部绕杠。当时，腹部绕杠这样的技能是七连人人都会的，可是许三多却连单杠都爬不上去。在大家的帮助下，他终于能够做27个腹部绕杠了。后来，三班长为了改变连长对许三多"半个兵"的看法，让平时最多只能做27个腹部绕杠的他做50个。连长不相信这"半个兵"能战胜自己，答应只要他做到50个就把三班失去的先进集体还给他们。

　　就这样，许三多在单杠上如上了发条一样不停地绕着，早就超过了50了，班长告诉他，还差得远呢，他就继续做，一直做了333个，打破了全连的纪录！战友、班长都被他的意志打动了，连长也因此改变了对他的看法。

　　后来，他还凭着这股傻劲坚守了半年的营房；凭着这股傻劲，在特种兵的训练演习中，他穿越一次又一次精心设计的圈套，经历一次又一次残忍的折磨，从高空跌下时还依然保持着战斗的状态。

　　许三多的傻劲，不是愚笨，而是一种坚持，是执着、是认真、是奋进、是乐观，用钢七连的话说就是"不抛弃，不放弃"。

　　许三多说，好好活着就是做有意义的事，做有意义的事就是好好活着。让我们向这个一身傻劲的士兵学习吧，凭着一股傻劲和拼劲去战胜困难和挑战，赢得最精彩的人生。

人生是一个长长的大舞台，人人都有自己的角色，人人也都有自己的表演方式。天生有着好形象的演员固然能够得到一时的青睐，成为"偶像派"；但是如果想要在人生的舞台上演一出精彩的戏、想成为主角，无论你有没有天生好条件，都必须用一种不达目的绝不止步的"傻劲"去提升自己的表演能力，将自己打造成一个"实力派"，只有这样才能不被命运这位导演赶到跑龙套的位置上。

善始善终，踏实做好每一天

《老子》里有一句话叫"慎终如始，则无败事"，意思是事情将结束时仍然认真、谨慎地去做，事情就不会失败。

老子提出要"慎终如始"，这是他对人生的体验，因为人生中总会有许多人做事不能持之以恒，在快要接近成功的时候失败了。老子认为出现这种情况的主要原因在于成功之前，人们沉不住气，不够谨慎，开始懈怠，失去了刚开始时的热情。可是他们却没有记住，能够善始善终的人才是真正的大赢家。

有一个奇妙的"30天荷花定律"，能说明最后的环节有多么重要。

荷花第一天开放时只是一小部分，到了第二天，它们就会以相当于前一天的两倍的速度开放，到了第30天，荷花就开满了整个池塘。

很多人以为，到第15天时，荷花就能开满池塘的一半。然而，事实并非如此！到第29天时荷花才开了一半，最后一天便开满全池。

最后一天的速度最快，等于前29天的总和。

差一天，就会与成功失之交臂，越到最后，事情越关键、越重要。人们经常在做了90%的工作后，放弃了最后能让他们成功的10%，甚至相当一部分人做到了99%，只差1%，但就是这一点细微的差距，让他们在事业上难以取得突破和成功。行百里者半九十——最后的步骤不到位，前面的事就等于白做了，甚至会带来比不做还要恶劣的后果。

有这样一个值得深思的故事：

有3个好朋友，毕业后去了同一家公司求职，经过层层筛选，他们都幸运地获得了工作机会。但是上班第一天，主管就告诉他们，他们现在只是在试用期，并不是公司的正式职员。第一个月公司会对他们的工作状况进行考核，合格的在试用期结束后将会成为公司的正式员工。3个人都向主管保证自己会努力工作，会用行动向公司证明自己的能力。

试用期的工作是枯燥乏味的，并且他们的工作量很大，还经常加班到很晚，但是3个年轻人都没有去抱怨，他们都期待着试用期过后，自己能正式成为公司的一员，怀着对未来的美好期待，3个人都努力地工作着。

一个月一晃而过，试用期马上就快结束了，3个人相信凭着自己的良好表现，他们肯定都能通过公司的考核。最后那天下午，主管找到了3个年轻人，对他们说："非常抱歉，你们3个都没有通过公司的考核，按照我们事先的约定，你们不能再在公司待下去了，这是这个月的工资，你们收好，等上完今天的这个夜班，你们就可以走了，祝你们以后一切顺利。"

听到主管的这些话后，3个人都非常惊讶，但事情已经这样了，也没有回旋的余地了。夜班时间很快就到了，3个人当中的一个，朝厂房走去，他不想因为自己的原因而影响整条流水线的工作。另外两个人心想既然没有通过公司的考核，并且工资也发了，索性没有去上夜班。

最后一晚像往常一样结束了，年轻人疲惫地走出厂房，令他吃惊的是，主管正站在厂房的门口冲他微笑。主管招手把他叫过去，对他说："经公司研究决定，你的试用期今晚正式结束，我们决定录用你为我们公司的正式职员，明天请到公司总部接受新职位的任命，恭喜你。其实，你们3个人都很优秀，表现都非常好，不过我们无法决定录用你们中的哪一位，昨天晚上是对你们的最后一次考验，我们只选择最优秀的那一个，这个人就是你。"

因为这位年轻人坚持上完了最后一个夜班，所以他最后的结果与那两位朋友迥然不同。他选择了坚持，选择了善始善终。善始善终才能够笑到最后。现实生活中，有不少人追名逐利，经不起风浪，成名致富之后，往往心高气傲，目空一切。有些年轻人心浮气躁，遇到坎坷就有畏缩情绪，缺乏奋斗目标和理想信念，对此不妨做一下反省。

善始善终，就是对成功的不懈追求，是一种淡泊名利的心态，是一种境界、一种超脱。正因为有了这种心态和追求，才能够在自己的岗位上默默奉献。无论做什么事情，都要沉住气，精益求精，坚持到底。

认定的事就认真做到底

任何一件事情，无论它有多么艰难，只要你认真去做，全力以赴去做，就能够化难为易。一个人成功地完成了一件事，一定是他比较认真地做了这件事。假如一个人还没有成功，那他一定还不够认真。认真就是你用生命，用真实的感情，用全部的热情，坚持不懈地去做一件事的态度。

1990年9月18日，国际奥委会做出决定：美国亚特兰大市获得了1996年第二十六届奥运会的主办权。这一切要归功于美国亚特兰大奥运会组委会主席比利·佩恩的勇气与不懈努力。

1987年，当比利·佩恩最初产生申办奥运的想法时，他的朋友都怀疑他是否丧失了理智。当时很少人知道的亚特兰大市看上去似乎没有一点申办成功的希望，因为1996年是奥运会的100周年，人们都认为将回归到奥运会的故乡——希腊的雅典。再者，自从第二次世界大战后，奥林匹克运动会恢复以来，还从来没有过第一次申奥就能成功获得举办权的先例，此外美国刚刚举办了1984年的奥运会。但是比利·佩恩相信自己的想法，并坚信最终的结果只有在行动之后才会出现。

比利·佩恩放弃了律师合伙人的职业，用自己拥有的财产做抵押取得一笔贷款来维持家庭开销，全身心地投入他的申奥活动中。他开始四处奔走，并以最大的努力获得了市长的大力支持，组成了一个合作小组，然后又用极大的热情说服了众多大公司向他们的小组投资，并且在世界各地巡回演讲以寻求支持。他们邀请国际奥委会的代表共进晚餐，以增进代表们对亚特兰大的了解。

比利·佩恩每月有20天游说于世界各地。他没有工资和差旅费，他只是努力地行动着，争取着，使他的梦想成为现实。经过两年多的努力，比利·佩恩和同伴们的努力赢得了回报，国际奥委会打破了传统做法和惯例，将1996年奥运会的主办权交给了第一次提出申请的美国城市亚特兰大。

比利·佩恩曾这么说道："我一直都不喜欢周围消极的人，因为我不需要有人经常提醒我们成功的可能性不大，我需要那些积极向我们提供策略和解决问题方法的人。有意识地做出决定，从自己的失败中学习经验教训，最终我们实际上是靠自己来做事。"

比利·佩恩和他的团队之所以取得成功，就是因为他们明白一个道理：无论期待怎样的结果，都只有在真正行动之后才会出现。只有及时地总结经验教训，才能最终取得成功。

我们通常认为的成功人士，往往都是能够沉住气、坚持不懈的人，凡是他们认定的事，都会坚持地做下去，并且认真地去做，还要做到最好。即使中间遇到再大的困难，也决不放弃。

李超大学本科毕业后被分配到一个研究所，这个研究所的大部分人学历都比李超高，李超感到压力山大。

工作一段时间后，李超发现所里大部分人并不是很认真，他们不是虚度光阴，就是忙着自己私底下做的"第二职业"。

而李超却没有像那些人一样，他觉得既然自己在这里工作，就要好好干，一定要干出成绩。

于是李超一头扎进工作中，从早到晚埋头苦干。这样他的业务水平提高得很快，不久就成了所里的"顶梁柱"。时间一长，他逐渐受到所长的重用。渐渐地所长感到离开李超，工作上就好像失去了左膀右臂。

不久，李超便被提升为副所长，而老所长年事已高，所长的位置也在等待着他。

诗人纪伯伦说过："工作是看得见的爱。"李超对待工作的态度就是认真，对认定的事，他一定要认真做到底，特别是在面对自己没有经验、没有把握的工作时更能牢牢记住这一点。只有这样，才会真正鼓起勇气去面对一切困难，发挥出自己的潜力，从而获得在别人或者自己看来都是不可能的一切。

在通往成功的道路上，大多数人关注更多的是才能的积累和机遇的把握，却忘了"认定的事情要认真做到底"这样一个简单的道理。为人处世要沉住气，脚踏实地地努力，比大多数人多一些韧性、多一份坚持、多一点认真，唯有如此，才能为成功积累更多的经验和资本。

第十二章

做人常自省，做事当自律

认识自己才能把握人生

尼采曾说："聪明的人只要能认识自己，便什么也不会失去。"这里尼采强调了"自知"的重要性。人们常说："世界上最难认清的就是自己。""知人者智，自知者明。"这是中国古代思想家老子对我们的忠告。

做人最宝贵的是能够有"自知之明"，然而"聪明人"很多，他们习惯揣摩别人的心理，于是对别人了如指掌，对自己反倒是不清不楚。因而说知人易，知己难，"不识庐山真面目，只缘身在此山中"。如果对自己能多一分了解，也会对生命多一分正确的认识。

法国著名散文家、思想家蒙田在《论自命不凡》的随笔中写道：对荣誉的另一种追求，是我们对自己的长处评价过高。这是我们对自己怀有的本能的爱，这种爱使我们把自己看得和我们的实际情况完全不同。

有一位老师，常常教导他的学生说："人贵有自知之明，做人就要做一个自知的人。唯有自知，方能知人。"有个学生在课堂上提问道："请问老师，您是否知道您自己呢？"

"是呀，我是否知道我自己呢？"老师想，"嗯，我回去后一定要好好观察、思考、了解一下我自己的个性，我自己的心灵。"

回到家里，老师拿来一面镜子，仔细观察自己的容貌、表情，然后再来分析自己的个性。首先，他看到了自己亮闪闪的秃顶。"嗯，不错，莎士比亚就有个亮闪闪的秃顶。"他想。

他看到了自己的鹰钩鼻。"嗯，英国大侦探福尔摩斯——世界级的聪明大师就有一个漂亮的鹰钩鼻。"他想。他看到自己的大长脸。"伟大的林肯总统就有一张大长脸。"他想。

他发现自己个子矮小。"哈哈！拿破仑个子矮小，我也同样矮小。"他想。他发现自己具有一双大蹩脚。"呀，卓别林就有一双大蹩脚！"他想。于是，他终于有了"自知"之明。"古今中外名人、伟人、聪明人的特点集于我一身，我是一个不同于一般的人，我将前途无量。"第二天，他对他的学生说。

这当然是一个幽默故事，然而生活中这样的人也不少。认识自己，并不是一件简单的事，它要求我们必须从性格、爱好等各方面全面分析自己。只有正确地认识自己才能保持本色，找到适合自己的位置。认识自己，并且按自己的意图去办事，你才能具有无穷魅力。

有这样一个青年，他从小家境富有，接受了良好的教育，在各方面都有潜能，成绩也不错，几乎可以称得上是一个全面发展的人。可是，他却对自己的成功之路一筹莫展。他喜欢运动，却没有吃苦锻炼的勇气和毅力，因此当不了运动员；他发表过不少作品，可他根本静不下心写出一部有分量的著作，成为一名真正的作家。他的兴趣变化不断，似乎很多领域都有涉猎，却没有专长，他根本不知道自己最适合做什么，也不清楚自己准备成为什么样的人。其实，他的内心也非常矛盾。他是想好好地认识自我，然后选择符合他的发展方向，同时也想尽可能地尝试更多更好的东西，发现自己的兴趣，挖掘出自己的潜能，找到最适合自己发展的道路。

我们很多人也许都面临这样的问题：对自己的认识还很不够，可能工作了好几年，却发现自己根本就不适合这个行业。一个人的成功过程就是一个不断自我认识的过程。一个人的自我认识是伴随着人的年龄的增长和阅历的丰富而完成的。虽然自我认识不是一件容易的事，但我们完全有能力正确地认识自我。因为只有正确地认识了自我才可以做出正确的决断和准确的选择，才能把握机会，成功人生。

有很多人认为，认识自我就是认识自己的缺点。于是，有很多人在机会到来的时候没有采取任何行动，他们会说："我的能力恐怕不足，何必自找麻烦！"

认识自己的缺点是很好的，可以此谋求改进。但如果仅认识自己的消极面，就会陷入混乱，让自己变得没有什么价值。因此要正确、全面地认识自己，首先就不能看轻自己。

你知道自己的优点吗？所谓的优点是你的才干、能力、技艺与人格特质，这些优点也就是你能有贡献、能继续成长的要素。但是，我们大家总觉得说自己的优点是不对的，会显得太不谦虚。其实，自己在某些方面确实有优点，却要去否定它，这种做法既不符合人性，也表示不诚实。肯定自己的优点绝不是吹牛，相反的，这才是诚实的表现。

要想清楚你的优点，你首先必须重视自己，要塑造自己对自己的好印象。如果你能用积极的心态看你的过去，就能用积极的心态看你的现在。你必须仔细地看你自己，发现自己具有哪些优良的特质，这些特质也是你本质的一部分。

认识自己方能更好地认识人生，驾驭人生，做自己人生的主人。与其花费心思去揣摩别人的喜好，不如好好去认识自我。一个了解自己的人才能更好地经营自己的人生。

不高估，不自轻

现代的年轻人，大都受过良好的教育，在知识方面和能力上都很强。有很多年轻人步入工作后对老同事的指点不屑一顾，被人称为"自命不凡"的伪君子，这是年轻人要规避的一个问题。年轻人只有虚心接受别人的意见和建议，才能使自己在工作中成长得更快。但是还有一些人过于谦虚，对别人说的话言听计从，一点儿也看不到自己的优势，这个时候就需要像"王婆卖瓜"那样自我激励一下，才能把事情做得更好。

提起王婆卖瓜，很多人以为是一位姓王的婆婆。其实，王婆是个男的，因为他说话啰唆，做事婆婆妈妈的，所以人们就送了他个外号"王婆"。王婆的老家在西夏，以种瓜为生。在当时，宋朝边境经常发生战乱，王婆为了避难，就迁到了开封的乡下，培育哈密瓜。哈密瓜因外表不好看，中原人都不认识这种瓜，所以尽管这哈密瓜比普通的西瓜甜上十倍，也没有人买。王婆很着急，向来往的行人一个劲儿地夸自己的瓜怎么好吃，并且把瓜剖开让大家尝。起初没有人敢吃，后来有个胆大的人上来咬了一口，觉得这瓜如蜜一样的甜，于是，一传十，十传百，王婆的瓜摊生意兴隆，人来人往。

一天，神宗皇帝出宫巡视，一时兴起来到集市上，只见那边挤满了人，便问左右："何事如此热闹？"左右回禀道："启奏皇上，是个卖哈密瓜的引来众人买瓜。"皇上心想："什么瓜这么招人啊？"于是，便走上前去观看，只见王婆正在连说带比画地夸自己的瓜好。见了皇上，他也不慌，还让皇上尝了尝他的哈密瓜。皇上一尝果然甘美无比，连连称赞，便问他："你这瓜既然这么好，为什么还要吆喝个不停呢？"王婆说："这瓜是西夏品种，中原人不识，不叫就没人买。"皇上听了感慨道："做买卖还是当夸则夸，像王婆卖瓜，自卖自夸，有何不好呢？"皇帝的金口一开，不多时，这句话就传遍了大江南北，直至今日。

瓜不甜，再叫也没用，若是瓜的味道极美，自夸又何妨呢？年轻人总是将自己的优点弃之如敝屣，那么自己何年何月才能找到"伯乐"呢？人生短暂如白驹过隙，转瞬即逝，如果一直妄自菲薄，这不就等于将崛起的希望埋没了吗？在这弹指即逝的时光里，我们真要毫无意义地离去吗？曾有人说："越是没有本领的就越加自命不凡。""自命不凡"是没有本事的人常干的事情，我们要摒弃之。不过诸葛亮也说过，人"不宜妄自菲薄"，胡乱地将自己的优点遮掩起来，这同样也是我们急需拆除的樊篱。

人生最重要的就是认识自己

在漫漫人生道路上，我们总是忙于不断追求各种利益来满足物质上的种种欲望，却忘记审视内心，想想生存的真正意义；我们也常常忙着左顾右盼地评判别人，却忘了应该先审视自身、认识自己。许多人或许从未真正面对过"自己"，从未认真地审视过那个真实的"我"是什么样的。

相信没有人会承认自己不知道自己是谁。当我问起你是谁的时候，你一定会毫不犹豫地说出你的名字，如果我说那不过是你的名字，而真正的你是什么呢？你可能还会回答出你的思想、你的地位、你的能力、你的财产、你的观念……试图以此来描述出你自己。但是你可曾想过，我们所认为的"我"和真正的"自我"是否有差别呢？

事实上，我们根本不知道自己是谁，因为从小就被各种外在的价值观念所支配，跟着物质环境的脚步前进，不断地被外在环境奴役而不自知。仔细回想一下你会发现，我们刚出生时，头脑中本来没有知识、也没有记忆，但是随着后天不断地努力和学习，渐渐地会辨别事物的名称、形象以及数量。但我们所知，却并非我们自己。

有一天，一位禅师为了启发他的弟子，给了他的徒弟一块石头，让他去蔬菜市场，并且试着卖掉这块很大、很好看的石头。但师父紧接着说："不要卖掉它，只是试着去卖。注意观察，多问一些人，回来后只要告诉我在蔬菜市场它最多能卖多少钱。"于是这位弟子去了。在菜市场，许多人看着石头想：它可以做很好的小摆件，我们的孩子可以玩，或者可以把它当作称菜用的秤砣。于是他们出了价，但只不过是几个小硬币。徒弟回来后对老禅师说："这块石头最多只能卖得几个硬币。"师父说："现在你去黄金市场，问问那儿的人。但是不要卖掉它，只问问价。"从黄金市场回来后，这个弟子很高兴地说："这些人简直太棒了，他们乐意出到1000元。"师父说："现在你去珠宝商那儿，问问那儿的人。但不要卖掉它，同样只是问问价。"于是徒弟去了珠宝商那儿，他们竟然愿意出5万元来买这块石头。徒弟听从师父的指示，表示不愿意卖掉石头，想不到那些商人竟继续抬高价格——出到10万元，但徒弟依旧坚持不卖。珠宝商们说："我们出20万元、30万元，只要你肯卖，你要多少我们就给你多少！"徒弟觉得这些商人简直疯了，竟然愿意花这么一大笔钱买一块毫不起眼的石头。徒弟回到寺里，师父拿着石头后对他说："现在你应该明白，我之所以让你这样做，是想要培养和锻炼你充分认识自我价值的能力和对事物的理解力。如果你是生活在蔬菜市场里的人，那么你只有那个市场的理解力，你就永远不会认识更高的价值。又或者你自己就是这块被人们不断改写价码的石头，它究竟值多少钱呢？"

我们可以反问自己，是生活在蔬菜市场、黄金市场，抑或是珠宝市场呢？在同样的一个物质世界里，我们自身的价值标准应该怎么来衡量呢？这需要我们不断地认识自己、探究真实的自己，才能更全面更准确地把握我们成长的轨迹。

古往今来的哲学家，不断提醒人们要"认识自己"，但是古圣先哲却没有提出具体的准则，让我们知道如何行动才能获致足以支配个人命运的"自我了解"。

古希腊德尔菲的女祭司说"认识自己"时，她并非只对希腊人而说，这句话也对全人类点出了认识自己的重要性。认识自己之于个人生存，就如同食物、衣服、遮风避雨处之于肉体生存。

西塞罗也说过，"认识自己"的格言不仅旨在防止人类过度骄傲，也在于使我们了解自己的价值何在，因为只有了解了自我价值，才能更进一步走向成功。

一个人的成功并非一蹴而就的事，会面临很多意想不到的波折。有的时候，路走不通，问题并不在别人或者事情本身，相反，可能恰恰在我们自己身上。现代人也许会发现，因为买了一些不具备实用价值的物品而令自己手头拮据；即使感觉到自己的生活出了严重的错误，也不愿意承认自己的过失。我们习惯了目光向外，习惯了先看别人再看自己，习惯了比较，习惯了自己站在高处的优越感。而我们现在需要具备的恰恰是一种反向思维，反观自己，认识真实的自己，这样才能看到问题的核心。也可以说，认识自己，是通往成功的第一步。越接近自己的内心，离成功的距离也就越来越近了。

轻如尘埃，也不必妄自菲薄

"一扇小小的窗户，可以进来阳光；一颗小小的星星，可以点缀夜空；一朵小小的花朵，可以令满室芬芳；一件小小的善行，可以扭转命运；一点小小的微笑，可以传达情意；一句小小的慰言，可以安慰受苦难的人。"所以，小不可轻。

即使只是阳光下一粒小小的尘埃，也能够拥有最美丽的飞翔姿态。小的事物并不一定没有用，相反，有的时候小事物的威力巨大无穷。星星之火可以燎原，便是这个道理。因此，假如你是一个小人物，请不要自怨自艾，更不要感叹自己的渺小和不为人知，因为你有你的力量可以感动这个庞大的世界。

你见过在阳光下飞扬的尘埃吗？

你见过屋檐上滴滴答答落下的水珠吗？

你见过在地上爬来爬去的蝼蚁吗？

与这茫茫宇宙相比，它们太过微小，甚至可以忽略不计，但是，它们却往往能够创造奇迹。

尘埃汇聚，可成千年古堡；水滴虽小，足以穿石；蝼蚁虽小，却能溃堤。

有个人为南阳慧忠国师做了20年侍者，慧忠国师看他一直任劳任怨、忠心耿耿，所以想要对他有所报答，帮助他早日开悟。

有一天，慧忠国师像往常一样喊道："侍者！"

侍者听到国师叫他，以为慧忠国师有什么事要他帮忙，于是立刻回答道："国师！要我做什么事吗？"

国师听到他这样的回答，感到无可奈何，说道："没什么要你做的！"

过了一会儿，国师又喊道："侍者！"侍者又是和第一次一样的回答。

国师又回答道："没什么事要你做！"这样反复了几次以后，国师喊道："佛祖！佛祖！"

侍者听到慧忠国师这样喊，感到非常不解，于是问道："国师！您在叫谁呀？"

国师看他愚笨，万般无奈地启示他道："我叫的就是你呀！"

侍者仍然不明白地说道："国师，我不是佛祖，而是你的侍者呀！您糊涂了吗？"

国师看他如此不可教化，便说道："不是我不想提拔你，实在是你太辜负我了呀！"

侍者回答道："国师！不管到什么时候，我永远都不会辜负您，我永远是您最忠实的侍者，任何时候都不会改变！"

国师的目光暗了下去。为什么有的人只会应声、被动，进退都跟着别人走，不会想到自己的存在？难道他不能感觉自己的心魂，接触自己真正的生命吗？

国师道："还说不辜负我，事实上你已经辜负我了，我的良苦用心你完全不明白。你只承认自己是侍者，而不承认自己是佛祖。佛祖与众生其实并没有区别，众生之所以为众生，就是因为众生不承认自己是佛祖。实在是太遗憾了！"

慧忠国师一片苦心，他的侍者却不明白，真是可惜。他能够二十年如一日虔诚侍奉自己尊重的禅师，却从没有正确审视过自己的价值。

做人，认识世界是必要的，而认识自己则更为重要。这就好比三兽渡河，足有深浅，但水无深浅；三鸟飞空，迹有远近，但空无远近。因此，任何人都不要妄自菲薄。

盲从是对人生的不负责任

相信很多人都有过这样的经历：你来到一个十字路口，看到红灯亮着，此时没有车路过，尽管你清楚地知道闯红灯是违反交通规则的，但是你发现周围的人都对红灯视而不见，都在往前闯，于是你犹豫了一下，也跟着大家一起闯红灯。

比如，你经过几天几夜的思考，获得了一个自以为很好的新想法，当你把这个想法告诉一位同事，那位同事说："你错了！"你又告诉第二位同事，第二位同事还是说："你错了!"于是，你告诉自己："大家都认为我是错的，看来我的确是错了。"

再比如，你与朋友们上街买衣服，在琳琅满目的衣服中挑来拣去，你选中了一件自己喜欢的衣服，但朋友们却认为这件衣服不好看，不适合你，罗列了一大堆意见。迫于他们这种"无形的意见压力"，你最终放弃了自己的意见。

你看到上面事例的共同点了吗？不错，那就是从众。

从众，其实质就是一个人因受到群体的影响，最终放弃自己的意见，转变原有的态度，采取与多数人一致的行为现象，也就是我们通常所说的"随大流"，它是引发思维定式最常见也是最主要的因素之一。从众通常表现为在认知事物、判定是非的时候，多数人怎么看、怎么说，自己就跟着怎么看、怎么说，人云亦云；多数人做什么、怎么做，自己也跟着做什么、怎么做，缺乏独立思考的能力。它是思维定式中最常见、最重要的因素之一。

思维上的"从众定式"，能使个人有一种归宿感和安全感，能够消除孤单和恐惧等心理，也是一种比较保守和保险的处世态度。跟随着众人，如果说得对、做得好，自然能分得一杯羹；即使说错了、做得不好也不要紧，无须自己一人承担责任，况且还有"法不责众"的习惯原则。所以，很多人愿意采取"从众"这种中庸的处世方式。

从众是人类或群体动物长期以来形成的生活方式，本来无可厚非，但有时人们的从众心理具有盲目性，见大家都参与，自己也参与，从来不问自己所参与事情的是非对错，结果往往令人啼笑皆非。

我们来看一个生活中经常碰到的例子：

有一家超市在搞促销活动，于是发生了这样一个笑话：有一位老头儿，看见很多人挤着排队，认为大家一定是买什么好东西，便跟在后面排了起来。排了一个多小时，终于轮到他买了，一看每人只能买两包卫生纸，真是哭笑不得。

盲从多出现在那些不独立思考、没有主见的人身上。盲从是对人生不负责的一种表现，盲从者从不愿意挑起"思考""开创"的重任。盲从是可怕的，这时候人们的思想被"大众"所局限，意志和思想无法发挥作用，更不可能做出什么开创性的成就。

当今社会上有形形色色的追随者和模仿者，他们大都是盲目跟从者，总是喜欢依照他人的足迹行走，沿着他人的思路思考。他们认为，走别人走过的路可让自己省心省力，是走向成功、创造卓越人生的一条捷径。殊不知，"模仿乃是死，创造才是生"。

对任何人来说，模仿都是极愚拙的事，是创造的劲敌。它会使你的心灵枯竭，没有动力；它会阻碍你取得成功，干扰你的进一步发展，拉长你与成功的距离。职场上有这样的说法，"同样的一个创意、一条新路，第一个走的人是天才，第二个走的人是庸才，第三个走的人是蠢材，第四个走的人就要进棺材了"，从中可见盲从者的悲哀。

盲从会使人迷失自己的前进方向。不论是工作中还是生活中，我们都习惯于走别人走过的路，我们偏执地认为走大多数人走过的路不会错，但是，我们忽略了一个重要的事实，那就是，走别人没有走过的路往往更容易成功。

走别人没有走过的路，意味着你必须面对别人不曾面对的艰难险阻，吃别人没吃过的苦，但唯有如此，你才能够发现别人不曾发现的东西，达到别人无法企及的高度。

成功者之所以能取得惊人的成绩，正是由于他们想到了别人没想到的东西，走着别人没走过的路，正是这一思路支持着他们一路走来，让他们跨越障碍，直至成功。

不让别人的心态影响自己

你是否是一个有主心骨的人？你在做事时是按照自己的想法做决定，还是听从别人的话摇摆不定？你会不会因为有人说你新买的裙子太花哨而闷闷不乐一整天？你会不会因为别人说你不行就不再去努力？……很多时候，我们在通向成功的奋斗之路上常常被一些人和事所干扰，最终失去了真实的自我，在歧路上越走越远，找不到回头的路。

白云守端禅师有一次和他的师父杨岐方会禅师对坐，杨岐问："听说你从前的师父茶陵郁和尚大悟时说了一首偈，你还记得吗？"

"记得，记得。"白云答道，"那首偈是：'我有明珠一颗，久被尘劳关锁，一朝尘尽光生，照破山河万朵。'"语气中免不了有几分得意。

杨岐一听，大笑数声，一言不发地走了。

白云怔住了，不知道师父为什么笑。他心里很烦，整天都在思索师父的笑，怎么也找不出师父大笑的原因。

那天晚上，他辗转反侧，怎么也睡不着，第二天实在忍不住了，大清早就去问师父为什么笑。杨岐笑得更开心，对着因失眠而眼眶发黑的弟子说："原来你还比不上一个小丑，小丑不怕人笑，你却怕人笑。"白云听了，豁然开朗。

很多时候我们就是陷入别人的评论之中而迷失了真实的自己。别人的语气、眼神、手势等都可能搅扰我们的心，使我们丧失往前迈进的勇气，甚至让我们成天沉迷在愁烦中不得解脱，在前进的道路上迷失自我。

事实上，别人怎么说、怎么做，那是别人的事情，是别人的生活态度，而你怎么说、怎么做、怎么想，才是你的生活态度。不要因为身边的一些事和人，而受到影响；不要因为别人的一句本非善意的话，而受到伤害；不要因为别人做的一些无关紧要的事情，而否定自己。

但丁说："走自己的路，让别人去说吧！"我们都有自己的生活方式、自己做人的原则，太在意别人的看法、盲从他人，便会丧失主见、失去自我，这样的人生，还有什么意义呢？我们不能如矮子观戏，人云亦云。

上帝曾把1、2、3、4、5、6、7、8、9、0十个数字摆出来，让面前的10个人去取，说道："一人只能取一个。"

人们争先恐后地拥上去，把9、8、7、6、5、4、3都抢走了。

取到2和1的人，都说自己运气不好，得到很少很少。

可是，有一个人却心甘情愿地取走了0。

有人说他傻："拿个0有什么用？"

有人笑他痴："0是什么也没有呀，要它干啥？"

这个人说："从零开始嘛！"便埋头不言，孜孜不倦地干起来。

他获得1，有0便成为10；他获得5，有0便成了50。

他一心一意地干着，一步一步地向前。

他把0加在他获得的数字后面，便十倍十倍地增加。终于，他成为最成功、最富有的人。

其实，你的生活是你自己的，不是别人的。在这个世界里，每个人都是一道彩虹，是一道别人永远无法再次演绎的彩虹。这个世界多姿多彩，每个人都有属于自己的位置，有自己的生活方式，有自己的幸福，何必羡慕别人？放开自己，挣脱别人对我们的束缚，不要被别人的言论所左右，找到属于你自己的天空，你才能活得更洒脱，才能在充满希望的人生道路上走得更踏实。

自制力推你走向成功

苏轼在《留侯论》中写道:"天下有大勇者,卒然临之而不惊,无故加之而不怒。此其所挟持者甚大,而其志甚远也。"意思是:天下有一种真正勇敢的人,遇到突发的情形毫不惊慌,无缘无故地对他施加侮辱也不动怒。为什么能够这样呢?因为他胸怀大志,目标高远的缘故。人的一生中会遇到很多问题,也会遇到很多挫折,一个随意让情绪迸发出来而不能自控的人,一定是与成大事无缘的。只有学会自制和忍耐,控制自己的情绪,保持平稳的心态,才能客观地把问题解决,才能取得成功。

一家大百货公司受理顾客投诉的柜台前,许多女士排成长龙争着向柜台后的那位年轻女士诉说她们所遭遇的问题,以及这家公司的不是。在这些投诉的妇女中,有的十分愤怒且不讲理,有的甚至讲出很难听的话,柜台后的这位年轻女士一一接待了她们,没有表现出任何嫌恶。她脸上始终带着微笑,指导她们前往合适的部门,她的态度优雅而镇静。

这位女士背后还有一位年轻女士,她在一些纸条上写下了一些字,然后把纸条交给站在前面的那位女士。这些纸条很简要地记下了妇女们抱怨的内容，但省略了她们的尖酸而愤怒的语气。

原来，站在柜台后面、面带微笑聆听顾客抱怨的年轻女士耳朵失聪，她的助手通过纸条把所有必要的事实告诉她。

这家公司的经理对他的人事安排是这样解释的，他之所以挑选一名耳朵失聪的女士担任公司中最艰难而又最重要的一项工作，主要是因为他一直找不到其他具有足够自制力的人来担任这项工作。旁观者发现，柜台后面那位年轻女士脸上亲切的微笑，对这些愤怒的妇女们产生了良好的影响。她们来到她面前时，个个愤怒暴躁，但当她们离开时，个个温顺柔和，有些人离开时，脸上甚至露出羞怯的神情，因为这位年轻女士的"自制"使她们对自己的行为感到惭愧。

面对投诉的顾客，只有失聪的人才能始终保持和善的态度与微笑，而正常人却没有足够强的自制力来胜任这一工作。由此证明，人世间最顽强的"敌人"正是你自己，最难战胜的也是你自己，而做人最大的难题则是管好自己。

在生活中，也许你什么道理都懂，可是你却总是管不好自己。你不想面对那些麻烦，总是放到不得不做时才做，或者说等哪天你比较能管得住自己的时候做，你甚至为自己是一个知足的人而骄傲，为自己是一个无欲无求的人而自豪，可是你真的那么知足吗？

是啊，你不满意自己成为这样的人，你想做得更多，想证明你活着的价值，而实际上你缺少的就是行动，你始终无法管好自己，控制自己。

歌德说："毫无节制的活动，无论属于什么性质，最后必将一败涂地。"歌德是最伟大的诗人之一，他在这里告诫人们：不论做任何事情，自制都至关重要。自我节制，自我约束，是一种控制能力，尤其是人们的性格和欲望，一旦失控，就可能随心所欲，结局必将一败涂地，不可收拾。所以说，歌德的这句话对每个人都适用。

拿破仑·希尔曾经对美国各监狱的16万名成年犯人做过一项调查，结果他发现了一个令人惊讶的事实：这些人之所以身陷牢狱，有99%的人是因为缺乏必要的自制力，失去理智，从不约束自己的行为，以致走向犯罪的深渊。

人类是有自我意识的高级动物，只要我们有意识地进行自我控制，一定可以成功。下面是一些进行自我控制的有效方法：

1. 尽量不要发怒

"布衣之怒，亦免冠徒跣，以头抢地尔"，发怒不但解决不了问题，反而容易把问题复杂化，容易伤害别人和自己。

2. 受到不公平待遇时，不要怨天尤人

怨天尤人是一种消极的心理，不但得不到别人的同情，反而容易引起别人的反感。

3. 要改变急躁的脾气

有些事情着急也是没有用的，该来的终究会来，该发生的终究会发生，要保持镇定自若，要知道，欲速则不达，急于求成反

而易受其害。

4. 受到别人不公平对待时，要抑制住自己的委屈

一个人可以受一时委屈，但不会一世受委屈。天总有晴空万里的时候，人总有扬眉吐气的时候，关键是自己要看得开、放得下。

5. 要抑制住自己悲愤的情绪

社会上的人各种各样，谁都免不了受到伤害。所以，在努力保护自己的同时，要冷静理智地寻求解决问题的办法，而不要悲愤难当。

6. 不要像井底之蛙一样狂妄自大

狂妄会引起别人的讨厌，会受到别人的排挤。其实，强中自有强中手，能人背后有能人。

7. 要适当娱乐

要经常进行自我娱乐来调节身心，使自己轻松快乐，但不可过度，因为"业精于勤，荒于嬉；行成于思，毁于随"。

8. 不要放纵自己

"酒是穿肠的毒药，色是刮骨的钢刀"，切记不可放纵自己，否则就会迷失方向，意志涣散，最终走向堕落。

自制是在行动中形成的，也只能在行动中体现，除此之外，再没有别的途径。自制的养成是一个长期的过程，不是一朝一夕的事。因此，要自制首先就得勇敢面对来自各方面的一次次自我的挑战，不要轻易地放纵自己，哪怕它只是一件微不

足道的事情。自制，同时也需要主动，它不是受迫于环境或他人而采取的行为，而是在被迫之前就采取的行为，前提条件是自觉自愿地去做。